景观植物大图鉴③

藤蔓植物·竹类·棕榈类626种

薛聪贤　杨宗愈　编著
陈锡沐　简体版审订

SPM 南方出版传媒
广东科技出版社 | 全国优秀出版社
·广　州·

图书在版编目（CIP）数据

景观植物大图鉴.3，藤蔓植物·竹类·棕榈类626种/薛聪贤，杨宗愈
编著. —广州：广东科技出版社，2015.6
ISBN 978-7-5359-6063-4

Ⅰ.景… Ⅱ.①薛…②杨… Ⅲ.①园林植物—图集②攀缘植物—图
集③竹—图集④棕榈—图集 Ⅳ.①S68-44

中国版本图书馆CIP数据核字（2015）第047651号

景观植物大图鉴③ 藤蔓植物·竹类·棕榈类626种
Jingguan Zhiwu Da Tujian③ Tengman Zhiwu Zhulei Zonglülei 626 Zhong

责任编辑：刘 耕 尉义明
责任校对：盘婉薇 冯思婧 谭 曦
责任印制：罗华之
出版发行：广东科技出版社
　　　　　（广州市环市东路水荫路11号 邮政编码：510075）

http：//www.gdstp.com.cn

E-mail：gdkjyxb@gdstp.com.cn（营销中心）

E-mail：gdkjzbb@gdstp.com.cn（总编办）

经　　销：广东新华发行集团股份有限公司

印　　刷：广州市岭美彩印有限公司
　　　　　（广州市荔湾区花地大道南海南工商贸易区A幢 邮政编码：510385）

规　　格：787mm×1 092mm 1/16 印张17.25 字数490千

版　　次：2015年6月第1版
　　　　　2015年6月第1次印刷

定　　价：198.00元

如发现因印装质量问题影响阅读，请与承印厂联系调换。

序1

　　与薛聪贤老师结缘和认识是在不同的时段。当初任教于"中国文化大学"景观学系时，由于没有景观植物学的教材，对于景观系学生是否要用到《植物分类学》这类教材，一直犹豫不决，因为景观系学生对景观植物的认识，应该偏重于植物的实用性，而非只去了解植物种类的亲缘关系。之后，在书店里发现薛老师的大作《景观植物实用图鉴》系列，内容丰富而实用，植物照片精美悦目，非常适合学生初学入门，因此主动向薛老师订书，这是首度的结缘。几年后任科博馆植物园执行秘书一职，因业务上的需要，得知薛老师对于植物的栽培经验丰富，所以借时任馆长李家维教授的名义，厚颜邀请薛老师到科博馆来，协助我们开展植物园的工作，这是与薛老师续缘及认识。

　　管理植物园以后，更深深觉得台湾景观植物有许多资料信息并不完备。景观植物的来源包括台湾原生物种、台湾培育或选育品种、外来物种等，走访书店与花市，发现外来物种的资料信息较为缺乏，就学名、原产地而言，出售花木者常常语焉不详，甚至提供错误的资料。早期引进的外来植物，我们能在刘棠瑞先生的《台湾木本植物图鉴》上、下卷，陈德顺先生、胡大维先生的《台湾外来观赏植物名录》查到；近期赖明洲先生的《最新台湾园林观赏植物名录》亦载有部分资料信息。然而这三部书，除了第一部有植物线条图外，后两部书只是名录，并无植物的实物照片可参考。本书图文并茂，它的出版应该是园艺界、景观界所期待乐见的参考资料！

　　本套《景观植物大图鉴》系列，承蒙薛老师的邀请共同编著，除了保持《台湾花卉实用图鉴》系列的实用性外，更积极搜集近年来栽培的景观植物，也有最近引进的新品种。书中内容包括每个物种的中文名、拉丁学名、别名、产地、植物分类、形态特征、花期、用途、生长习性、繁育方法、栽培要点等。图片几乎都是薛老师精心拍摄，再挑选最为清晰、精美的编入书中，希望能帮助读者辨别各种景观植物，依据自己的需求，在本书中找到答案，也能让相关学科的老师和学生、园艺工作者、景观设计规划者，在本书找到需要的资料信息。

　　世界的被子植物有24万多种，单单台湾原生的维管束植物就有4 000种，还不包括归化种、引进栽培种、人工培育种等，更有许多我不认识有待查证的种类，书中难免会有疏漏、错误及不足之处，期望诸位学者、专家不吝指正，使本系列丛书籍更臻完善，更加实用。

2015年3月

序 2

据统计，目前台湾的景观植物约5 200种（包括原种、变种及杂交种），其来源有台湾原生植物及引进植物。台湾原生植物具有观赏价值者，近年来已逐渐被开发利用；台湾引进的花木约6 700种，其中有若干种因水土不服或管理不当，导致死亡而遭淘汰，但新品种仍不断从世界各地引进栽培，主要产地包括：中国大陆及东南亚、南洋群岛、大洋洲、美洲热带地区、非洲、欧洲等，台湾在"天然温室"的造就下，草木多样而繁盛，园艺产业蓬勃发展。

20多年来，笔者常与园艺、景观业者同赴世界各地引进新品种，并开发台湾原生植物，从事试种、观察、记录、育苗、推广等工作，默默为园艺事业耕耘奋斗，从引种开发到推广的过程，备尝艰辛，鲜为人知。但欣慰的是拙作《景观植物实用图鉴》（1~15辑）、《台湾原生景观植物图鉴》（1~5辑）出版后，引起广大读者的热烈回应和佳评，成为园艺界、造园界、景观界查阅必备的工具书，也成为教育界相关学科的学生认识景观植物的理想教材，引起园艺、景观界的重视。近几年来，许多读者敦促希望能再出版续集或合订本，增加新品种的介绍，本书就在众多读者的鼓励下而诞生，旨在提供最新园艺资料信息，冀望能与花木爱好者共享莳花乐趣，对花卉园艺产品的促销有所助益，促进园艺、景观产业更加繁荣，推动环境美化和生态保护。

本书特邀科博馆植物学组杨宗愈博士共同编撰，杨博士专攻植物系统分类学、植物地理学、植物园学、景观植物学及孢粉学的研究，学识渊博，虚怀若谷，令人敬佩。本书全套共分6册，几乎涵盖了台湾现有栽培的园艺景观植物，并进行了系统的植物分类。书中花木名称以"一花一名"为原则，对有代表性的别名、俗名或商品名称也一并列入。花木图片实物拍摄，印制精美，花姿花容跃然纸上；繁育方法及栽培要点，均依照华南地区水土气候、植物生长习性、栽培管理等作论述，这与翻印国外的同类书籍截然不同，也是本书最大特色。学名是根据中外学者、专家所公认之名称而定，内容力求尽善尽美，倘有疏漏、错误之处，期盼学者、专家斧正。

本书出版之际，感谢台湾大学森林系廖日京教授、博物馆植物研究组前组长郑元春、台湾"清华大学"生命科学系李家维教授、台湾林业试验所生物系吕胜由、植物分类专家陈德顺及陈运造给予的帮助，另外感谢园艺界施明兴、许再生、许古意、罗昭烈、李侑家、李胜伍、李有量、胡高笔、胡高伟、林荣森、罗业业、刘燊麟、李士荣、胡高玉珑、林寿如、吴天素等，以及科博馆植物学组黄秀君、黄冠中、陈建帆、陈胜政等的协助，提供景观植物资料信息，特此致谢。

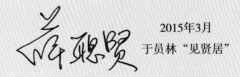

2015年3月
于员林"见贤居"

2

阅读指引

● 中文名：我国学术界使用的正式名称。

● 植物分类：植物学术分类上属的名称，有中文属名和拉丁文属名。

● 产地：植物的原始生长地点、栖地环境。

● 形态特征：植物的高度，枝、叶、花、果的形态、大小、色泽等特征。

● 用途：植物在园艺观赏、景观造园方面最适当的应用或药用等。

● 生长习性：植物的生长习性，如温度、湿度、光线等需求。

● 繁育方法：植物的繁育方法和繁育季节。

● 栽培要点：植物的养护管理，如土壤选择、施肥与修剪季节、移植要领等事项。

● 性状分类：植物的科名，植物的学术分类及生长性状分类。

● 生态照片：植物的植株外形，以接近正常目视距离的方式拍摄而成，表现全株或局部，包括茎、枝、叶、花、果等生态特征，以供实物比对时加以辨认。

夹竹桃科常绿蔓性灌木

毛旋花·金龙花

●植物分类：羊角拗属（Strophanthus）。

●产地：非洲热带地区。

1.**毛旋花**：别名旋花羊角拗。园艺观赏零星栽培。枝攀缘性，幼枝墨紫色。叶互生，椭圆披披针形，先端锐，全缘，革质。夏、秋季开花，顶生，花冠漏斗状，上部5裂，淡粉红色；冠筒暗红色，冠筒内有红色鳞毛状附属体，花蕾蜡质，花姿柔美。

2.**金龙花**：别名黄花羊角拗。园艺观赏零星栽培。枝攀缘性，茎叶有白色乳液。叶对生，椭圆形或卵状椭圆形，先端短尖，全缘，革质。春末、夏季开花，顶生，花冠漏斗形，上部5裂，杏黄色，冠筒内有紫褐色纵纹，裂片先端其紫红色长尾状附属体，花姿奇特。

●用途：园景美化、花架、攀篱、盆栽。

●生长习性：阳性植物。性喜高温、湿润、向阳之地，生长适宜温度22～32℃，日照70%～100%。耐热、耐旱，冬季需温暖避风越冬。

●繁育方法：扦插法或压条法，春、夏季为适期。

●栽培要点：栽培介质以沙质壤土为佳。春、夏季施肥2～3次。花后或早春修剪整枝，植株老化施以重剪或强剪，促使萌发新枝叶。

▲毛旋花·染花羊角拗（原产非洲热带地区）
Strophanthus gratus

▲金龙花·黄花羊角拗（原产非洲热带地区）
Strophanthus preussii

▲红蝶藤·飘香藤（杂交种）
Mandevilla × amabilis 'Alice Du Pont'

▲玉蝶藤·鸦蛋花藤（原产美洲热带地区）
Mandevilla boliviensis

夹竹桃科 APOCYNACEAE

景观植物大图鉴③

13

● 书眉检索：以色块颜色标示植物科目。本书编排是按照植物科名的英文字母顺序排列，方便查阅。（个别植物科名顺序因排版需要略有调整，请参阅目录）

● 照片解说：植物的中文名、别名、原产地或栽培种、杂交种、拉丁学名等资料。

● 页码

● 学名：植物在国际上通用的名称（拉丁学名）。本书采用二名法记载。

● 特征照片：植物的枝叶、花序、果实、种子等外观特征，用近距离方式拍摄，以供辨识。

景观绿化工程植物规格图解

景观绿化工程树木的采购，通常均标有植栽规格，如树高（*H*）、干高（*T.H.*）、米径（∅）、地面直径（*G.L.∅*）、冠宽（*W*）等，下列以图解方式绘制供参考。（棕榈类林孝泽提供，竹类、藤蔓植物傅元柱提供）

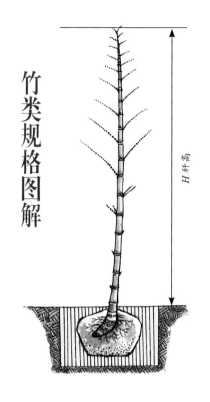

竹类规格图解

*H*杆高

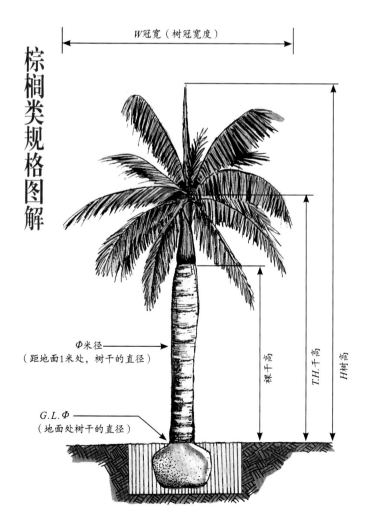

棕榈类规格图解

*W*冠宽（树冠宽度）

∅米径
（距地面1米处，树干的直径）

G.L.∅
（地面处树干的直径）

裸干高

*T.H.*干高

*H*树高

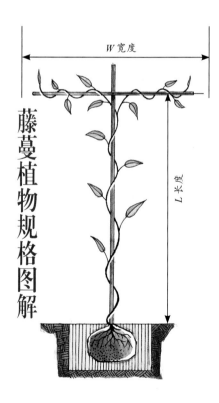

藤蔓植物规格图解

*W*宽度

*L*长度

目录

藤蔓植物

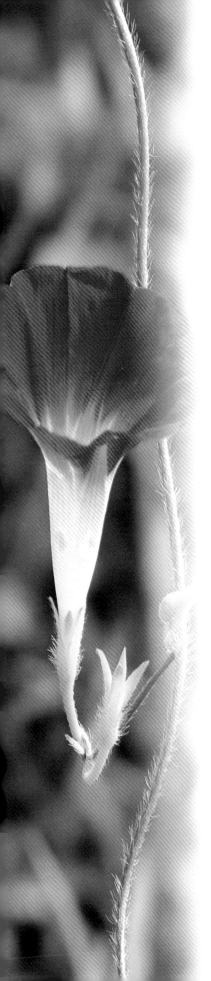

竹类

棕榈类

● 棕榈科 ARECACEAE (PALMAE)

藤蔓植物

藤蔓植物

藤蔓植物又称为蔓性植物、蔓生植物或藤本植物，指植物的茎或枝干容易伸长，而不能独自直立生长，必须依靠卷须或茎蔓吸附、攀缘或缠绕支持物才能正常生长的植物，其中包括草本藤蔓植物及木本藤蔓植物。其攀爬之生长习性可分为4种形式：

1.吸附性： 茎蔓具有气根或吸盘，能吸附墙面、岩石或树干向上生长，如凌霄花、地锦、薜荔等。

2.攀缘性： 茎蔓具有卷须或钩刺，能卷绕他物向上生长，如珊瑚藤、炮仗花、瓜类、大紫葳、锦屏藤等。蔓性灌木类原为灌木植物，可独自直立生长，枝条伸长后呈藤蔓状，无卷须，但枝条可依附支持物攀缘或缠绕向上生长，如鹰爪花、九重葛、金杯藤、冬红、锡叶藤等。

3.缠绕性： 茎蔓能扭转生长方向而缠绕他物向上生长，如大花老鸦嘴、多花黑鳗藤、蝶豆、星果藤、红皱藤等。

4.悬垂性： 茎蔓横卧地面生长，与地面接触容易发根；若种植地势较高，茎蔓即能向下悬垂。如马鞍藤、蔓黄金菊、云南黄素馨、蔓风铃、光耀藤等。

大多数藤蔓植物原产于热带，台湾平地很适合栽培，尤其中、南部地区；少数原产于温带（如紫藤、蔓长春、猕猴桃等），喜好冷凉，高冷地或中海拔生长良好。在景观应用上可作荫棚、花廊、花架、窗台、栅栏、篱墙美化或盆栽等，其茎蔓攀爬棚架后能开花供观赏，棚架底下能造成一处荫凉空间，可供休憩，其用途较特殊。本书共搜集366种，几乎网罗台湾栽培的全部种类，其中包含近年来最新引进的品种。

学名二名法范例

Allamanda   *violacea*   'Rosea'

属名   种名   品种名

1. 学名含属名、种名，是原生种植物，有原产地。
2. 种名后面有var.（variety的简写），指该植物为自然变种。var.后面的是变种名。
3. 属名与种名之间有"×"的记号，指该植物为杂交种。种名用hybrida也是杂交种。

▲紫蝉花'玫瑰紫蝉'（栽培种）
Allamanda violacea 'Rosea'

吸附性	吸附性	攀缘性	攀缘性

攀缘性	缠绕性	缠绕性	缠绕性

悬垂性	悬垂性	蔓性灌木	蔓性灌木

▲ 大花老鸦嘴·大邓伯花（原产孟加拉）
Thunbergia grandiflora

▲ 大花老鸦嘴·大邓伯花（原产孟加拉）
Thunbergia grandiflora

爵床科常绿蔓性藤本

老鸦嘴类

● 植物分类：老鸦嘴属、山牵牛属（*Thunbergia*）。

● 产地：亚洲热带至亚热带地区。

1. **大花老鸦嘴**：别名大邓伯花。园艺景观普遍栽培。大型木质藤本，茎缠绕性，茎叶密被粗毛，地下有块根。叶对生，掌状裂叶或阔心形，叶缘角状浅裂，形似瓜叶。春季至秋季开花，总状花序，悬垂性，花冠筒状钟形，上部5裂，蓝紫色，冠筒内部淡黄色，花序长可达1米，花姿幽雅。园艺栽培种有斑叶老鸦嘴，叶片有白色斑纹。

2. **樟叶老鸦嘴**：别名樟叶邓伯花。园艺观赏零星栽培。大型木质藤本，茎缠绕性，茎叶光滑无毛。叶对生，长卵形，先端锐尖，基部略凹，全缘或角状浅裂。春季至秋季开花，总状花序，悬垂性，花冠筒状钟形，上部5裂，蓝紫色；蔓性强，花型近似大花老鸦嘴，唯花序较短。

3. **香花老鸦嘴**：别名香邓伯花。园艺观赏零星栽培。小型蔓藤，茎缠绕性，茎、叶背被毛。叶对生，长卵形，先端有小突尖，基部略凹，叶缘上部浅裂，具缘毛。春季至秋季开花，苞片绿色，花冠筒状钟形，上部5裂，白色，花姿雪白素雅。果实酷似鸟喙，熟果黑褐色，造型奇特美观。

4. **黄花老鸦嘴**：别名跳舞女郎。园艺观赏零星栽培。大型木质藤本，茎缠绕性。叶对生，长卵形或披针形，上部浅裂，下部不规则疏锯齿缘。春、夏季开花，总状花序，悬垂性，苞片暗红色，花冠筒状钟形，裂片反卷，赤、黄色，花姿奇特脱俗。

● 用途：大花老鸦嘴、樟叶老鸦嘴、黄花老鸦嘴是大型蔓藤，适合大型荫棚、花廊、花架；香花老鸦嘴是小型蔓藤，适于小型花架、攀缘篱墙或栅栏美

▲ 斑叶老鸦嘴·斑叶大邓伯花（栽培种）
Thunbergia grandiflora 'Variegata'

化。大花老鸦嘴药用可治风湿、跌打损伤等。

- ●**生长习性**：阳性植物。性喜高温、湿润、向阳之地，生长适温22～32℃，日照70%～100%。生性强健，成长快速。
- ●**繁育方法**：春、夏季为适期。香花老鸦嘴用播种法。其他3种可用分株法或根茎扦插法育苗，成活率高。
- ●**栽培要点**：栽培介质以壤土或沙质壤土为佳。春、夏季生长期施肥2～3次，磷、钾肥偏多有利开花。蔓性强，花期长，随时整理茎蔓，避免生长杂乱。若茎蔓老化，春季施以修剪整枝。

▲香花老鸦嘴果实酷似鸟喙，造型奇特

▲香花老鸦嘴·香邓伯花（原产印度、斯里兰卡）
Thunbergia fragrans

▲樟叶老鸦嘴·樟叶邓伯花（原产印度、马来西亚）
Thunbergia laurifolia

▲黄花老鸦嘴·跳舞女郎（原产印度南部）
Thunbergia mysorensis

▲ 黑眼花·翼叶老鸦嘴·黑眼苏珊（原产西非热带地区）*Thunbergia alata*

▲ 乳黄黑眼花（栽培种）
Thunbergia alata 'Moonglow'

爵床科多年生蔓性草本

黑眼花类

- ●**植物分类**：老鸦嘴属、山牵牛属（*Thunbergia*）。
- ●**产地**：非洲热带地区。
- 1.**黑眼花**：别名翼叶老鸦嘴、黑眼苏珊。园艺观赏零星栽培。小型草质藤本，茎纤细而具白色绒毛，缠绕性，能攀附他物或匍匐地面生长。叶对生，菱状心形或箭头形，叶缘不规则浅裂，纸质。春季至秋季开花，苞片绿色，花冠筒状钟形，上部5裂，裂片橙黄色，冠筒内黑褐色。园艺栽培种有乳黄黑眼花、白黑眼花等。
- 2.**白眼花**：园艺观赏零星栽培。小型草质藤本，茎缠绕性，能攀附他物或匍匐地面生长。叶对生，菱状心形或箭头形，全缘，纸质。春季至秋季开花，苞片绿色，花冠筒状钟形，上部5裂，裂片橙黄色，冠筒内白色。
- ●**用途**：小型花架、栅栏美化、盆栽、地被；花色鲜黄亮丽，颇为醒目。药用可治疗疮肿痛、头痛等。
- ●**生长习性**：中性植物，偏阳性。性喜高温、湿润、向阳至略荫蔽之地，生长适宜温度22～32℃，日照60%～100%。生性强健，耐热、耐旱、不耐寒。
- ●**繁育方法**：可用播种法、扦插法或分株法，但以播种法为主，直播为佳，春季为适期。
- ●**栽培要点**：栽培介质以腐殖土或沙质壤土为佳。茎蔓伸长15厘米以上摘心1次，促使分生茎蔓。生长期间20～30天施肥1次。若不留收种子，花谢后立即剪除残花，加以追肥，能延长开花期。

▲ 白黑眼花（栽培种）（陈运造 摄影）
Thunbergia alata 'Alba'

▲ 白眼花（原产非洲）
Thunbergia gregorii (*Thunbergia gibsonii*)

▲ 斑叶刺毛猕猴桃·斑叶台湾阳桃（原产中国）*Actinidia chinensis* var. *setosa* 'Variegata'

猕猴桃科落叶蔓性藤本

猕猴桃类

- **别名**：奇异果。
- **植物分类**：猕猴桃属（*Actinidia*）。
- **产地**：亚洲、澳大利亚、美洲温带地区广泛栽培。园艺观赏零星栽培。
- **形态特征**：大型木质藤本，枝攀缘或缠绕性；幼枝被毛，老枝仅存残毛，寿命可达20年以上。叶互生，阔卵形或近圆形，先端微凹或突尖，叶缘刺毛状或偶有浅裂，叶背密生褐毛，纸质。初夏开花，雌雄异株，聚伞花序，腋生，花冠白色至淡黄色。浆果椭圆形或卵圆形，果皮黄褐色，密生红褐色长毛。自然变种有刺毛猕猴桃、奇异果；刺毛猕猴桃枝、叶密被褐毛，分布于中、高海拔高冷地，并有斑叶变种，叶面具有乳黄或乳白斑纹；奇异果果肉绿色，另有黄金奇异果果肉黄色，均为经济果树。
- **用途**：大型荫棚、花架、绿廊美化。果实酸中带甜，芳香多汁，风味独具。
- **生长习性**：阳性植物。性喜冷凉、湿润、向阳之地，生长适宜温度10～20℃，日照70%～100%。耐寒不耐热，中、高海拔山区栽培为佳，平地高温生长不良。
- **繁育方法**：播种法、扦插法或嫁接法，春、秋季为适期。
- **栽培要点**：栽培介质以沙质壤土为佳。雌雄异株，为提高授粉率，每5棵雌株配1棵雄株，亦可在雌株嫁接雄株枝条。冬季落叶后修剪整枝，施用有机肥料及磷、钾肥。果实成长期可用复合肥作追肥。

▲ 猕猴桃・中华猕猴桃（原产中国）
Actinidia chinensis

▲ 猕猴桃・中华猕猴桃（原产中国）
Actinidia chinensis

▲ 刺毛猕猴桃・台湾阳桃（原产中国）
Actinidia chinensis var. *setosa*

▲ 奇异果・美味猕猴桃（原产中国）
Actinidia chinensis var. *hispida* (*Actinidia deliciosa*)

▲鹰爪花（原产中国）
Artabotrys hexapetalus (Artabotrys uncinatus)

▲鹰爪花果实为浆质聚合果，卵形或纺锤形

番荔枝科常绿蔓性灌木

鹰爪花

- **植物分类**：鹰爪花属（*Artabotrys*）。
- **产地**：中国华南地区。园艺景观普遍栽培。
- **形态特征**：大型蔓性灌木，枝攀缘性。叶互生，长椭圆形或披针形，先端渐尖，全缘，革质。夏、秋季开花，与叶对生，幼枝开花之花梗生于弯钩枝上，并常在同一花梗重复开花，老熟枝干弯钩逐渐退化；花冠形似鹰爪，花瓣6枚，绿色转黄色，香气浓郁。浆质聚合果卵形或纺锤形。
- **用途**：大型花架、花廊或攀缘篱墙，亦可修剪成乔木独立树。花可萃取精油、制香料、香水。
- **生长习性**：中性植物，偏阳性。性喜高温、湿润、向阳至略荫蔽之地，生长适宜温度22～32℃，日照50%～100%。生性强健、耐热、耐旱、耐阴。
- **繁育方法**：播种法或高压法，春、夏季为适期。
- **栽培要点**：栽培介质以沙质壤土为佳。春、夏季施肥2～3次。早春修剪整枝，植株老化施以重剪或强剪，促使萌发新枝叶。

▲鹰爪花幼枝开花，花梗基部弯曲如钩，老熟枝条弯钩渐退化

▲清明花·号筒花（原产喜马拉雅山）
Beaumontia grandiflora

夹竹桃科常绿蔓性灌木

长节珠

- ●**别名**：满天星茉莉。
- ●**植物分类**：长节珠属（节荚藤属）（*Parameria*）。
- ●**产地**：亚洲热带地区。园艺观赏零星栽培。
- ●**形态特征**：蔓性灌木，枝攀缘或缠绕性，茎叶有白色乳液。叶对生，长椭圆形或长卵形，先端渐尖，全缘，革质。秋末至春季开花，聚伞花序，顶生，小花漏斗形，裂片白色，数十朵至上百朵布满枝头，状似满天星，素雅而芳香。
- ●**用途**：花架、盆栽、藩篱。蔓性不强，不适合大型荫棚。
- ●**生长习性**：阳性植物。性喜高温、湿润、向阳之地，生长适宜温度23~32℃，日照70%~100%。耐热、耐旱，冬季需温暖避风越冬。
- ●**繁育方法**：扦插法或高压法，春、夏季为适期。
- ●**栽培要点**：栽培介质以壤土或沙质壤土为佳。春季至秋季每月施肥1次。花后修剪整枝，植株老化春季施以重剪或强剪。

▲长节珠·满天星茉莉（原产亚洲热带地区）
Parameria laevigata

夹竹桃科常绿蔓性灌木

清明花类

- ●**植物分类**：清明花属（*Beaumontia*）。
- ●**产地**：亚洲热带地区。
- 1.**清明花**：别名号筒花。园艺观赏零星栽培。蔓性灌木，枝攀缘性。叶对生，椭圆形或倒卵形，先端突尖。花冠筒状喇叭形至漏斗形，上部5裂，白色。蓇葖果圆柱状。
- 2.**玉杯花**：园艺观赏零星栽培。蔓性灌木，枝攀缘性。叶对生，长椭圆形或倒披针形，先端短突。花冠杯状漏斗形，上部5裂，白色，花筒外部略带红晕。蓇葖果圆柱状。园艺栽培种有斑叶玉杯花，叶面有白色斑纹。
- ●**用途**：花架、花廊、攀缘篱墙、大型盆栽。
- ●**生长习性**：阳性植物。性喜高温、湿润、向阳之地，生长适宜温度20~30℃，日照70%~100%。
- ●**繁育方法**：扦插法或高压法，春、夏季为适期。
- ●**栽培要点**：栽培介质以沙质壤土为佳。春、夏季施肥3~4次。花后或早春修剪整枝，植株老化需重剪或强剪，更新枝叶。

▲玉杯花（原产印度）
Beaumontia jerdoniana

▲斑叶玉杯花（栽培种）
Beaumontia jerdoniana 'Variegata'

夹竹桃科常绿蔓性藤本

软枝黄蝉类

- ●**别名**：黄莺。
- ●**植物分类**：黄蝉属（*Allamanda*）。
- ●**产地**：南美洲热带地区。园艺景观普遍栽培。
- ●**形态特征**：木质藤本，枝攀缘性，具白色乳液。叶3～4枚轮生，长椭圆形或倒卵状披针形，先端渐尖，全缘，革质，叶面光滑无毛。春末至秋季开花，短聚伞花序，花冠漏斗形，上部5裂，金黄色，裂片卵圆形，花色鲜明亮丽。园艺栽培种有重瓣软枝黄蝉、小叶软枝黄蝉、银叶软枝黄蝉、金蝶软枝黄蝉。
- ●**用途**：软枝黄蝉、重瓣软枝黄蝉是大型藤本，适于荫棚、花架、花廊、藩篱、阳台垂悬美化，大型盆栽。银叶软枝黄蝉、小叶软枝黄蝉、金蝶软枝黄蝉是蔓性灌木，枝攀缘性，蔓性不强，适合低篱美化、盆栽。此类植物白色乳液有毒，不可误食或沾触眼睛。药用可治湿疹、疔疮肿毒。
- ●**生长习性**：阳性植物。性喜高温、湿润、向阳之地，生长适宜温度23～32℃，日照70%～100%。生性强健，耐热、耐旱、不耐阴。
- ●**繁育方法**：扦插法，春季为适期。
- ●**栽培要点**：栽培介质以壤土或沙质壤土为佳。花期长，春季至秋季每月施肥1次。花后或早春修剪整枝，植株老化需重剪或强剪，促进萌发新枝叶。

▲ 软枝黄蝉·黄莺（原产巴西）
Allamanda cathartica

▲ 重瓣软枝黄蝉（栽培种）
Allamanda cathartica 'Williamsii Flore-pleno'

▲ 银叶软枝黄蝉（栽培种）
Allamanda catharitica 'Nanus Silvery'

▲ 小叶软枝黄蝉（栽培种）
Allamanda catharitica 'Nanus'

夹竹桃科常绿蔓性藤本

紫蝉花类

- ●**植物分类**：黄蝉属（*Allamanda*）。
- ●**产地**：南美洲热带地区。园艺观赏普遍栽培。
- ●**形态特征**：木质藤本，枝攀缘性，具白色乳液。叶4枚轮生，长椭圆形或倒卵状披针形，全缘，纸质，叶面被毛。春末至秋季开花，短聚伞花序，花冠漏斗形，上部5裂，桃红色或淡紫红色，冠筒内部暗紫红色，花姿柔美。园艺栽培种叶片宽大，椭圆形或倒卵形，先端突尖，叶面密被绒毛，如玫瑰紫蝉、大紫蝉，花型大，花径可达8厘米；杏黄紫蝉，花朵杏黄色。
- ●**用途**：花架、攀缘篱墙或大型盆栽；蔓性不强，不适于荫棚。白色乳液有毒，不可误食或沾触眼睛。
- ●**生长习性、繁育方法、栽培要点**：可参照软枝黄蝉类。

▲ 紫蝉花（原产巴西）
Allamanda violacea (*Allamanda blanchetii*)

▲ 紫蝉花‘杏黄紫蝉’（栽培种）
Allamanda violacea ‘Jamaican Sunset’

▲ 紫蝉花‘玫瑰紫蝉’（栽培种）
Allamanda violacea ‘Rosea’

▲ 金蝶软枝黄蝉（栽培种）
Allamanda catharitica ‘Golden Butterflies’

▲ 紫蝉花‘大紫蝉’（栽培种）
Allamanda violacea ‘Cherries Jubilee’

▲红蝉花·双腺藤（原产巴西）
Mandevilla sanderi（左）
▲白红蝉（栽培种）
Mandevilla sanderi 'My Fair Lady'（右）

▲玫瑰红蝉（栽培种）
Mandevilla sanderi 'Rosea'

▲艳红蝉（栽培种）
Mandevilla sanderi 'Red Riding Hood'

夹竹桃科常绿蔓性藤本

红蝉花类

- ●**植物分类**：双腺藤属、文藤属（*Mandevilla*）。
- ●**产地**：南美洲热带地区。
- 1.**红蝉花**：别名双腺藤。园艺观赏零星栽培。木质藤本，茎缠绕性，具白色乳液。叶对生，长心形，先端渐尖或突尖，全缘，革质，两面光滑。夏、秋季开花，花冠漏斗形，上部5裂，桃红色，冠筒内黄色，花姿娇柔艳丽。园艺栽培种有白红蝉、玫瑰红蝉、艳红蝉。
- 2.**红皱藤**：别名飘香藤。园艺观赏普遍栽培。木质藤本，茎缠绕性，茎叶有白色乳液。叶对生，长椭圆形，全缘，革质，叶面波皱。春季至秋季开花，花冠漏斗形，上部5裂，红色至桃红色，冠筒内暗红色，花姿娇美妍丽。园艺栽培种有重瓣红皱藤。
- 3.**玉蝉藤**：别名鸡蛋花藤。园艺观赏零星栽培。木质藤本，茎缠绕性，具白色乳液。叶对生，长椭圆形或倒卵状披针形，先端渐尖或突尖，全缘，革质。夏季开花，总状花序，花冠漏斗形，上部5裂，白色，冠筒内橙黄色，花姿清新素雅。
- ●**用途**：蔓性不强，不适合大型荫棚。红蝉花适合藩篱或盆栽。红皱藤、玉蝉藤适于花架及栅栏美化，藩篱或盆栽。
- ●**生长习性**：阳性植物。性喜高温、湿润、向阳之地，生长适宜温度22～30℃，日照70%～100%。耐热、耐旱，冬季要温暖避风越冬。
- ●**繁育方法**：扦插法，春、夏季为适期。
- ●**栽培要点**：栽培介质以腐殖土或沙质壤土为佳。春季至秋季每月施肥1次。花后或早春修剪整枝，植株老化需重剪或强剪，促使萌发新枝叶。

▲重瓣红皱藤（杂交种）
Mandevilla × amabilis 'Pink Parfait'

夹竹桃科常绿蔓性灌木

毛旋花·金龙花

- **植物分类**：羊角拗属（*Strophanthus*）。
- **产地**：非洲热带地区。

1. **毛旋花**：别名旋花羊角拗。园艺观赏零星栽培。枝攀缘性，幼枝墨紫色。叶互生，椭圆状披针形，先端锐，全缘，革质。夏、秋季开花，顶生，花冠漏斗状，上部5裂，淡粉红色；冠筒暗红色，冠筒内有红色鳞毛状附属体，花蕾蜡质，花姿柔美。

2. **金龙花**：别名黄花羊角拗。园艺观赏零星栽培。枝攀缘性，茎间有白色乳液。叶对生，椭圆形或卵状椭圆形，先端短尖，全缘，革质。春末、夏季开花，顶生，花冠漏斗形，上部5裂，杏黄色，冠筒内有紫褐色纵纹，裂片先端具紫红色长尾状附属体，花姿奇特。

- **用途**：园景美化、花架、藩篱、盆栽。
- **生长习性**：阳性植物。性喜高温、湿润、向阳之地，生长适宜温度22～32℃，日照70%～100%。耐热、耐旱，冬季需温暖避风越冬。
- **繁育方法**：扦插法或压条法，春、夏季为适期。
- **栽培要点**：栽培介质以沙质壤土为佳。春、夏季施肥2～3次。花后或早春修剪整枝，植株老化施以重剪或强剪，促使萌发新枝叶。

▲ 毛旋花·旋花羊角拗（原产非洲热带地区）
Strophanthus gratus

▲ 金龙花·黄花羊角拗（原产非洲热带地区）
Strophanthus preussii

▲ 红皱藤·飘香藤（杂交种）
Mandevilla × amabilis 'Alice Du Pont'

▲ 玉蝉藤·鸡蛋花藤（原产美洲热带地区）
Mandevilla boliviensis

▲ 鳝藤・小锦兰（原产中国南部、印度、越南、日本） *Anodendron affine*

▲ 台湾鳝藤・大锦兰（原产中国）　（郑元春 摄影） *Anodendron benthamianum*

▲ 同心结・爬森藤（原产亚洲热带地区） *Parsonsia alboflavescens* (*Parsonsia laevigata*)

夹竹桃科常绿蔓性灌木

鳝藤类

- ●植物分类：鳝藤属（*Anodendron*）。
- ●产地：亚洲热带至温带地区。
- 1.鳝藤：别名小锦兰。园艺观赏零星栽培。枝攀缘性，具白色乳汁。叶对生，长椭圆状披针形，先端锐或渐尖，革质。聚伞花序，花冠高杯形，上部5裂，回旋状，白色或淡黄色，具芳香。蓇葖果椭圆状狭卵形，两果相对。
- 2.台湾鳝藤：别名大锦兰。园艺观赏零星栽培。枝攀缘性，具白色乳汁。叶对生，长椭圆形，先端钝或短突尖，厚革质。聚伞花序，花冠高杯形，上部5裂，回旋状，白色，具香气。蓇葖果线状狭卵形，两果相对。
- ●用途：花架、花廊、藩篱美化。
- ●生长习性：中性植物，偏阳性，日照50%～100%。小锦兰性喜温暖至高温，生长适宜温度18～28℃；大锦兰性喜高温，生长适宜温度22～32℃。
- ●繁育方法：播种法、扦插法，春、夏季为适期。
- ●栽培要点：可比照爬森藤。

夹竹桃科常绿蔓性藤本

同心结

- ●别名：爬森藤。
- ●植物分类：同心结属（*Parsonsia*）。
- ●产地：亚洲、中南半岛热带地区。园艺观赏、诱蝶零星栽培。
- ●形态特征：木质藤本，茎攀缘性。叶对生，长椭圆状披针形或卵状长椭圆形，先端锐，全缘，厚革质。伞房状聚伞花序，顶生，小花5裂，淡黄色。蓇葖果长圆筒状披针形，两果相对，种子有银白色冠毛。
- ●花期：春末至秋季开花。
- ●用途：诱蝶、花架、藩篱或栅栏美化，尤适于滨海地区绿美化。
- ●生长习性：阳性植物。性喜高温、湿润至干旱、向阳之地，生长适宜温度20～32℃，日照80%～100%。生性强健，耐热、耐旱、耐盐、耐风。
- ●繁育方法：播种法，春、夏季为适期。
- ●栽培要点：栽培介质以沙土或沙质壤土为佳。春、夏季施肥2～3次。春季修剪整枝，植株老化需重剪或强剪，促使萌发新枝叶。

夹竹桃科常绿蔓性藤本

金香藤

- ●别名：蛇尾蔓。
- ●植物分类：金香藤属、蛇尾蔓属（*Urechites*）。
- ●产地：美洲热带地区。园艺观赏普遍栽培。
- ●形态特征：木质藤本，茎缠绕性，茎叶具白色乳液。叶对生，椭圆形，先端圆或微突，全缘，革质，叶面光滑无毛，明亮富光泽。聚伞花序，顶生，花冠漏斗形，上部5裂，金黄色。园艺栽培种有斑叶金香藤，叶片有乳黄色或乳白色斑纹，开花金黄色。
- ●花期：春季至秋季开花。
- ●用途：拱门、花架、藩篱或栅栏美化、盆栽。
- ●生长习性：阳性植物。性喜高温、湿润、向阳之地，生长适宜温度22～32℃，日照70%～100%。冬季需温暖避风越冬。
- ●繁育方法：扦插法，春、夏季为适期。
- ●栽培要点：栽培介质以腐殖土或沙质壤土为佳。花期长，春季至秋季每月施肥1次。春季修剪整枝，植株老化需重剪或强剪。

▲金香藤·蛇尾蔓（原产美洲热带地区）
Urechites lutea

夹竹桃科常绿蔓性藤本

水壶藤

- ●别名：酸叶胶藤、酸叶藤。
- ●植物分类：水壶藤属（*Urceola*）（*Ecdysanthera*）。
- ●产地：亚洲热带地区。园艺观赏、药用零星栽培。
- ●形态特征：木质藤本，茎攀缘性，具白色乳液。叶对生，卵状椭圆形，先端突尖或短渐尖，全缘，革质。春末至秋季开花，聚伞花序，顶生，小花淡红色，星形。蓇葖果圆筒状披针形，两果相对。
- ●用途：绿廊、荫棚美化。白色体液可制橡胶。叶片具酸味，原住民以嫩叶代盐利用。
- ●生长习性：阳性植物。性喜高温、湿润、向阳之地，生长适宜温度20～30℃，日照70%～100%。生性强健粗放、耐热、耐旱、耐瘠。
- ●繁育方法：播种法、扦插法，春季为适期。
- ●栽培要点：栽培介质以腐殖土或沙质壤土为佳。春、夏季施肥2～3次。春季修剪整枝，植株老化施以重剪或强剪，促使萌发新枝叶。

▲斑叶金香藤·斑叶蛇尾蔓（栽培种）
Urechites lutea 'Variegata'

▲水壶藤·酸叶胶藤·酸叶藤（原产中国、印度尼西亚、越南）*Urceola rosea（Ecdysanthera rosea）*

▲ 络石·白花藤（原产中国、越南、日本、韩国）
Trachelospermum jasminoides

▲ 黄金络石（栽培种）
Trachelospermum asiaticum 'Aurea'

▲ 花叶络石（栽培种）
Trachelospermum asiaticum 'Natsu-yuki'

夹竹桃科常绿蔓性藤本

络石类

● **植物分类**：络石属（*Trachelospermum*）。
● **产地**：亚洲热带至温带地区。

1. **络石**：别名白花藤。园艺景观零星栽培。木质藤本，茎攀缘性，具白色乳液。叶对生，椭圆形或卵状披针形，叶背有毛。聚伞花序，花冠高杯形，上部5裂，白色，回旋状，筒口有毛，具香气。蓇葖果圆柱形，两果相对。种子扁线形，先端有白色冠毛。

2. **亚洲络石**：别名日本络石。木质藤本，茎攀缘性，具白色乳液。叶对生，椭圆形或阔卵形，两面近无毛，革质。聚伞花序，花冠高杯形，上部5裂，白色，回旋状，筒口淡黄色。蓇葖果线状圆柱形，两果相对，种子先端有白色冠毛。园艺栽培种有黄金络石、花叶络石、黄斑络石。

3. **细梗络石**：别名细梗白花藤。园艺观赏零星栽培。木质藤本，茎攀缘性，全株光滑，具白色汁液。叶对生，椭圆形或披针形。聚伞花序，花冠高杯形，上部5裂，白色略带粉红色，回旋状，筒口光滑，具香味。蓇葖果圆柱形，两果相对。种子扁线形，先端有白色冠毛。

● **用途**：庭园地被、藩篱、花架、盆栽。络石药用可治疗疮、白浊、咽喉炎、关节炎、肺结核等。
● **生长习性**：中性植物。性喜温暖至高温、湿润、向阳至荫蔽之地，生长适宜温度18～30℃，日照50%～100%。生性强健，耐寒也耐热、耐旱、耐阴。
● **繁育方法**：播种法、扦插法或压条法，春、夏季为适期。
● **栽培要点**：栽培介质以腐殖土或沙质壤土为佳。春、夏季施肥2～3次。植株老化需重剪或强剪。

▲ 黄斑络石（栽培种）
Trachelospermum asiaticum 'Flavidua'

夹竹桃科常绿蔓性藤本

蔓长春类

- ●**植物分类**：蔓长春花属（*Vinca*）。
- ●**产地**：欧洲暖带至温带地区。
- 1.**蔓长春**：园艺观赏零星栽培。木质藤本，枝攀缘性、悬垂性或匍匐性，具白色乳汁。叶对生，阔卵形或椭圆形，先端钝，全缘，薄革质。春、夏季开花，花冠漏斗形，上部5裂，紫色。园艺栽培种有锦蔓长春，叶面有乳白色或乳黄色镶嵌。
- 2.**小蔓长春**：园艺观赏零星栽培。木质藤本，茎枝纤细，攀缘性、悬垂性或匍匐性，具白色乳汁。叶对生，卵状长椭圆形，先端钝，全缘，革质。春、夏季开花，花冠漏斗形，上部5裂，蓝紫色，冠筒内白色。园艺栽培种有斑白小蔓长春，叶面有黄色斑纹，花冠白色。
- ●**用途**：蔓性不强，适于小花架、吊盆或地被美化，不适合荫棚栽培。
- ●**生长习性**：阳性植物。性喜温暖、湿润、向阳之地，生长适宜温度15～25℃，日照70%～100%；锦蔓长春、斑白小蔓长春性喜阴凉，日照50%～70%生长较佳。此类植物高冷地生长良好，平地高温生长迟缓或不良。
- ●**繁育方法**：扦插或分株法，春、秋季为适期。
- ●**栽培要点**：栽培介质以腐殖土或沙质壤土为佳。冬季至春季每月施肥1次。秋末或早春修剪整枝，植株老化施以重剪或强剪，盆栽更换新培养土。

▲蔓长春（原产东欧、西欧） *Vinca major*

▲锦蔓长春（栽培种）
Vinca major 'Variegata'

▲细梗络石·细梗白花藤（原产中国、印度、韩国）
Trachelospermum gracilipes

▲斑白小蔓长春（栽培种）
Vinca minor 'Variegata Alba'

▲小蔓长春（原产欧洲、南俄罗斯至北高加索）
Vinca minor

▲ 光叶纽子花（原产印度尼西亚爪哇）
Vallaris glabra

▲ 美丽马兜铃·烟斗花藤（原产巴西）
Aristolochia littoralis（Aristolochia elegans）

▲ 异叶马兜铃（原产中国）
Aristolochia kaempferi f. *heterophylla*
（*Aristolochia heterophylla*）

光叶纽子花

- ●**植物分类**：纽子花属（*Vallaris*）。
- ●**产地**：亚洲南部热带地区。园艺观赏零星栽培。
- ●**形态特征**：枝攀缘性，枝叶具白色乳液。叶片大，对生，倒卵形或椭圆形，先端钝或短尖，全缘，薄革质。聚伞花序，顶生，花萼5裂，星形；花梗细长，花冠高杯形，上部5裂，白色，裂片不规则齿裂；含苞花形似纽扣，花姿雪白清丽。
- ●**花期**：春末、夏季开花。
- ●**用途**：花架、藩篱、大型盆栽。
- ●**生长习性**：阳性植物。性喜高温、湿润、向阳之地，生长适宜温度23～32℃，日照70%～100%。冬季需温暖避风越冬。
- ●**繁育方法**：播种法或扦插法，春、夏季为适期。
- ●**栽培要点**：栽培介质以沙质壤土为佳。春、夏季施肥2～3次。花后或早春修剪整枝，植株老化需重剪或强剪。

▲ 瓜叶马兜铃（原产中国）
Aristolochia cucurbitifolia

马兜铃类

● **植物分类**：马兜铃属（*Aristolochia*）。

● **产地**：中美洲、南美洲、亚洲热带地区。

1. **美丽马兜铃**：别名烟斗花藤。园艺观赏零星栽培。草质藤本，茎缠绕性。叶互生，肾形或三角心形，先端钝或圆，全缘，纸质。春末至秋季开花，花冠烟斗状，裂片展开呈阔杯形，外部密布咖啡色网脉纹，花姿奇特。蒴果长筒状，6棱。

2. **瓜叶马兜铃**：台湾特有植物，原生于台湾中、南部中低海拔山区，诱蝶、观赏零星栽培。草质藤本，茎攀缘性。叶互生，叶形多变，掌状裂叶、圆形或阔卵形，3～9深裂。花管弯曲呈胃囊状或喇叭形，紫褐色。蒴果卵状纺锤形，6棱。

3. **异叶马兜铃**：台湾特有植物，原生于低海拔山区至平野，诱蝶、观赏零星栽培。草质藤本，茎攀缘性。叶互生，叶形多变，心状戟形或心状披针形，全缘或波状缘至浅裂。花管弯曲呈胃囊状，淡黄色，裂片紫褐色。蒴果长椭圆形，6棱。

4. **港口马兜铃**：诱蝶、观赏零星栽培。草质藤本，茎攀缘性。叶互生，叶形多变，心状阔卵形、肾形或3浅裂状。总状花序，花冠喇叭状长筒形，紫褐色。蒴果椭圆形，6棱。

5. **长尾马兜铃**：别名大花马兜铃。诱蝶、观赏零星栽培。草质藤本，茎缠绕性或攀缘性。叶互生，心形，不规则波状缘。花管弯曲形似海马，紫褐色至咖啡色，裂片下端有线状长尾，悬垂性。

6. **鹊鸟马兜铃**：诱蝶、观赏零星栽培。草质藤本，茎缠绕性或攀缘性。叶互生，心形或肾形。花管弯曲，裂片长披针形，造型酷似鹊鸟，脉纹咖啡色。

● **用途**：花架、藩篱、大型盆栽、诱蝶植物。烟斗花藤药用可治消化不良、蛇伤；瓜叶马兜铃、异叶马兜铃可治风湿痛、蛇伤。

● **生长习性**：中性植物，偏阳性。性喜高温、湿润、向阳之地，生长适宜温度20～30℃，日照50%～100%。

● **繁育方法**：播种法，春季为适期。

● **栽培要点**：栽培介质以腐殖土或沙质壤土为佳。春、夏季施肥2～3次。春季修剪整枝，植株老化需重剪或强剪。

▲ 港口马兜铃（原产中国）
Aristolochia zollingeriana

▲ 长尾马兜铃·大花马兜铃（原产中美洲）
Aristolochia grandiflora

▲ 鹊鸟马兜铃（原产中美洲、南美洲）
Aristolochia ringens

▲南山藤（原产中国、印度、东南亚、菲律宾）
Dregea volubilis

南山藤

萝藦科常绿蔓性藤本

- ●**植物分类**：南山藤属（*Dregea*）。
- ●**产地**：亚洲热带地区。园艺观赏、诱蝶零星栽培。
- ●**形态特征**：大型木质藤本，茎缠绕性。叶对生，卵形至阔卵形，先端渐尖或锐尖，全缘，膜质至薄革质。伞形花序，腋生，小花绿色。蓇葖果长卵状羊角形，两果相对，果表有纵棱，种子具白色冠毛。
- ●**花期**：夏季开花。
- ●**用途**：绿廊、藩篱、荫棚、诱蝶植物。
- ●**生长习性**：阳性植物。性喜高温、湿润、向阳之地，生长适宜温度22～32℃，日照70%～100%。生性强健，耐热、耐旱、耐瘠。
- ●**繁育方法**：播种法，春季为适期。
- ●**栽培要点**：栽培介质以腐殖土或沙质壤土为佳。春、夏季生长期施肥2～3次。冬末、早春修剪整枝，植株老化施以重剪或强剪。

匙羹藤

萝藦科常绿蔓性藤本

- ●**别名**：羊角藤、武靴藤。
- ●**植物分类**：匙羹藤属（*Gymnema*）。
- ●**产地**：亚洲、澳大利亚、非洲等热带地区。园艺观赏、诱蝶零星栽培。
- ●**形态特征**：木质藤本，茎缠绕性。叶对生，叶形多变，倒卵形或卵状椭圆形，先端钝或渐尖，全缘，革质。聚伞花序伞形排列，腋生，小花淡黄色，具香气。蓇葖果短羊角形，果表平滑，种子有白色冠毛。
- ●**花期**：夏季开花。
- ●**用途**：绿廊、蔓篱、荫棚、诱蝶植物。
- ●**生长习性**：中性植物，偏阳性。性喜高温、湿润、向阳至荫蔽之地，生长适宜温度22～32℃，日照60%～100%。生性强健，耐热、耐旱、耐盐。
- ●**繁育方法**：播种法，春季为适期。
- ●**栽培要点**：栽培介质以腐殖土或沙质壤土为佳。春、夏季生长期施肥2～3次。春季修剪整枝，植株老化施以重剪或强剪。

▲匙羹藤·武靴藤·羊角藤（原产中国、印度、东南亚、澳大利亚、非洲）*Gymnema sylvestre*

萝藦科常绿蔓性藤本

台湾醉魂藤

- **别名**：布朗藤。
- **植物分类**：醉魂藤属（*Heterostemma*）。
- **产地**：台湾特有植物，原生于西部低海拔山区、山麓至溪流河床，族群数量稀少，园艺观赏、诱蝶零星栽培。
- **形态特征**：木质藤本，茎缠绕性。叶对生，卵形或长椭圆形，先端渐尖，基部三出脉，全缘，膜质至革质，基部有腺体。伞形花序，腋生，小花星形，黄褐色至红褐色。蓇葖果圆柱状，两端渐尖，表面略具纵棱，两果相对，种子有白色冠毛。
- **花期**：夏季开花。
- **用途**：绿廊、藩篱或栅栏美化、诱蝶植物。
- **生长习性**：阳性植物。性喜高温、湿润、向阳之地，生长适宜温度20～30℃，日照70%～100%。
- **繁育方法**：播种法，春季为适期。
- **栽培要点**：栽培介质以腐殖土或沙质壤土为佳。春、夏季生长期施肥2～3次。春季修剪整枝，植株老化施以重剪或强剪。

▲ 台湾醉魂藤·布朗藤（原产中国）
Heterostemma brownii

萝藦科常绿蔓性灌木

蓝叶藤

- **别名**：芙蓉兰、绒毛芙蓉兰。
- **植物分类**：牛奶菜属（*Marsdenia*）。
- **产地**：亚洲热带地区。园艺观赏、诱蝶零星栽培。
- **形态特征**：蔓性灌木，枝缠绕性，幼茎被毛。叶对生，卵形或披针形，先端突尖或渐尖，全缘，纸质。夏、秋季开花，聚伞状花序，腋生，小花黄绿色或黄白色，具香气。蓇葖果长羊角形，表面密生绒毛。种子卵形，具白色冠毛。
- **用途**：小花架、蔓篱或栅栏美化、诱蝶植物。
- **生长习性**：中性植物，偏阳性。性喜高温、湿润、向阳之地，生长适宜温度20～30℃，日照60%～100%。生性强健，耐热、耐旱、耐阴。
- **繁育方法**：播种法，春季为适期。
- **栽培要点**：栽培介质以沙质壤土为佳。春、夏季生长期施肥2～3次。春季修剪整枝，植株老化施以重剪或强剪。

▲ 蓝叶藤·芙蓉兰·绒毛芙蓉兰（原产中国、印度、东南亚） *Marsdenia tinctoria*

▲ 多花黑鳗藤·非洲茉莉·蜡茉莉（原产马达加斯加）*Marsdenia floribunda* (*Stephanotis floribunda*)

萝藦科常绿蔓性藤本

多花黑鳗藤

- ●**别名**：非洲茉莉、蜡茉莉。
- ●**植物分类**：牛奶菜属（*Marsdenia*）。
- ●**产地**：南非洲热带地区。园艺观赏零星栽培。
- ●**形态特征**：大型木质藤本，茎缠绕性。叶对生，椭圆形，先端突尖，全缘，革质。夏季开花，伞形花序，腋生，花冠长筒形，上部5裂，白色，蜡质，具芳香。蓇葖果长卵形，大如枇果；种子有白色冠毛。
- ●**用途**：花架、藩篱、荫棚、盆栽。花朵可串成花环、花圈，高贵典雅芳香。
- ●**生长习性**：阳性植物。性喜高温、湿润、向阳之地，生长适宜温度22～32℃，日照70%～100%。生性强健，耐热、耐旱，冬季需温暖避风越冬。
- ●**繁育方法**：播种法、扦插法或压条法，春、夏季为适期。
- ●**栽培要点**：栽培介质以壤土或沙质壤土为佳。春、夏季施肥2～3次。早春修剪整枝，植株老化施以重剪或强剪。

萝藦科常绿蔓性藤本

红冠藤

- ●**植物分类**：牛角瓜属（*Calotropis*）。
- ●**产地**：杂交种。园艺观赏零星栽培。
- ●**形态特征**：木质藤本，茎缠绕性。叶对生，阔卵形或心状阔卵形，先端突尖，全缘，膜质，叶背脉络暗红色。夏季开花，短总状花序聚伞状排列，腋生，悬垂，花冠星形，副花冠线形，5裂片，裂片卵形，先端突尖，暗紫红色。蓇葖果长卵形，两果相对，种子有白色冠毛。
- ●**用途**：花架、攀缘篱墙或栅栏美化、荫棚、诱蝶。
- ●**生长习性**：阳性植物。性喜高温、湿润、向阳之地，生长适宜温度22～30℃，日照70%～100%。生性强健，耐热、耐旱、不耐阴、不耐湿。
- ●**繁育方法**：播种法，春季为适期。
- ●**栽培要点**：栽培介质以腐殖土或沙质壤土为佳。春、夏季生长期施肥2～3次。春季修剪整枝，植株老化施以重剪或强剪。

▲ 红冠藤（杂交种）
Calotropis 'Red Crown'

萝藦科常绿蔓性藤本

夜香花类

- ●**植物分类**：夜香花属（*Telosma*）。
- ●**产地**：亚洲热带至亚热带地区。
- 1.**夜香花**：别名夜来香。园艺观赏零星栽培。木质藤本，茎缠绕性或垂悬。叶对生，心形，表面缩皱。春、夏季开花，伞形花序，花冠筒状，上部5裂，裂片线形，黄色，夜晚具香气。蓇葖果圆柱状披针形，种子扁平，具白色冠毛。
- 2.**大夜香花**：别名东京藤。园艺观赏零星栽培。木质藤本，茎缠绕性。叶对生，心形。春季至秋季开花，伞形花序，花冠筒状，上部5裂，裂片卵形，黄色，夜晚芳香。蓇葖果披针形。
- ●**用途**：花架、攀缘篱墙、盆栽。花可当菜肴食用。
- ●**生长习性**：阳性植物。性喜高温、湿润、向阳之地，生长适宜温度23～32℃，日照70%～100%。
- ●**繁育方法、栽培要点**：可比照多花黑鳗藤。

▲夜香花·夜来香（原产中国南部、东南亚）
Telosma cordata (Telosma pallida)

萝藦科常绿蔓性藤本

娃儿藤

- ●**别名**：鸥蔓。
- ●**植物分类**：娃儿藤属（*Tylophora*）。
- ●**产地**：亚洲热带地区。园艺观赏、诱蝶零星栽培。
- ●**形态特征**：小型木质藤本，茎缠绕性。叶对生，卵形或心状长卵形，先端突尖，全缘，革质。短总状花序聚伞状排列，腋生，小花星形，红褐色至紫褐色。蓇葖果长羊角形，两果相对，种子有白色冠毛。
- ●**花期**：夏季开花。
- ●**用途**：小花架、藩篱或栅栏美化、诱蝶植物。
- ●**生长习性**：中性植物，偏阳性。性喜高温、湿润、向阳之地，生长适宜温度22～30℃，日照60%～100%。生性强健，耐热、耐旱、耐瘠。
- ●**繁育方法**：播种法，春季为适期。
- ●**栽培要点**：栽培介质以腐殖土或沙质壤土为佳。春、夏季生长期施肥2～3次。春季修剪整枝，植株老化施以重剪或强剪。

▲大夜香花·东京藤（原产马来西亚）
Telosma odoratissima

▲娃儿藤·鸥蔓（原产中国、印度、缅甸、越南）
Tylophora ovata

▲ 飞机草·香泽兰（原产南美洲）
Chromolaena odorata (Eupatorium odoratum)

菊科多年生半蔓性草本或亚灌木

飞机草

- **别名**：香泽兰。
- **植物分类**：飞机草属（*Chromolaena*）。
- **产地**：广泛分布于南美洲、非洲、亚洲等热带地区。20世纪90年代台湾引种，现大量自生群落严重危害台湾本土植物之生长。
- **形态特征**：株高可达3米，幼株直立生长，成株茎攀缘性；茎具白色髓心，全株被毛。叶对生，三角形，先端渐尖，粗锯齿缘，纸质。冬季、早春开花，头状花序顶生，小花淡紫色。瘦果5棱，具刺状冠毛。
- **用途**：园景美化、攀缘篱墙、大型盆栽。全株有毒，人畜不可误食；茎、叶汁液可毒鱼，接触皮肤会红肿、发疹。药用具杀虫、消肿、解毒之效。
- **生长习性**：阳性植物。成长迅速，性喜高温、湿润、向阳之地，生长适宜温度20～32℃，日照70%～100%。
- **繁育方法**：播种法。开花后花、叶干枯，春暖再生长。
- **防除要点**：可用人工拔除、割除或喷洒除草剂，但必须在冬季未开花结实之前作业。

菊科多年生蔓性草本

薇甘菊

- **植物分类**：假泽兰属（*Mikania*）。
- **产地**：广泛分布于热带地区。为危害树木和农作物之头号入侵植物，也是世界热带国家泛滥棘手的有害植物。
- **形态特征**：草质藤本，茎缠绕性。茎节上有半透明齿状膜状物。叶对生，三角状卵形，先端渐尖，基部心形，波状锯齿缘，纸质。冬季、早春开花，头状花排列成聚伞状，小花白色。瘦果有棱，具白色冠毛。
- **用途**：药用可治疟疾发热、抗溃疡、消炎等。
- **生长习性**：阳性植物。成长快速，喜高温、湿润、向阳之地，生长适宜温度20～32℃，日照70%～100%。
- **繁育方法**：播种法。开花后茎叶干枯，春暖再生长。
- **防除要点**：可用人工拔除、割除或喷洒除草剂，但必须在冬季未开花结实之前作业。

▲ 薇甘菊（原产中美洲、南美洲）
Mikania micrantha

菊科多年生蔓性草本

蔓黄金菊

- ●别名：火焰藤。
- ●植物分类：千里光属（Senecio）。
- ●产地：中美洲热带地区。园艺观赏零星栽培。
- ●形态特征：草质藤本，茎攀缘性或匍匐性，茎节接触地面容易发根。叶互生，长卵形或阔卵形，先端尖，齿裂状疏锯齿缘，纸质。秋末、冬季开花，头状花序，顶生或腋生，花冠圆形，舌状花瓣橙红色，筒状花橙黄色，花色明艳悦目，花期持久。
- ●用途：拱门、花架、栅栏或篱墙美化、地被。
- ●生长习性：阳性植物。性喜高温、湿润、向阳之地，生长适宜温度20～30℃，日照70%～100%。生性强健，耐热、耐寒、耐湿。
- ●繁育方法：扦插法或压条法，春季至秋季为适期。
- ●栽培要点：栽培介质以壤土或沙质壤土为佳。春季至秋季施肥3～4次。春季修剪整枝，植株老化需强剪或重剪。

▲ 蔓黄金菊·火焰藤（原产墨西哥）
Senecio confuses

菊科常绿蔓性藤本

光耀藤

- ●别名：椭叶斑鸠菊。
- ●植物分类：斑鸠菊属（Vernonia）。
- ●产地：亚洲热带地区。园艺观赏零星栽培。
- ●形态特征：木质藤本，茎攀缘性或悬垂性。叶互生，倒披针形或长椭圆形，先端钝或锐尖，全缘，革质。头状花序，腋生，小花淡红色或灰白色。成株蔓延力强，枝条下垂，犹如绿色珠帘，风格独特。
- ●花期：夏、秋季开花。
- ●用途：观赏茎叶为主，庭园独立栽培、绿廊、攀缘篱墙美化，最适合种植高地悬垂美化。
- ●生长习性：阳性植物。性喜高温、湿润、向阳之地，生长适宜温度22～30℃，日照70%～100%。生性强健，耐热、耐旱、耐湿。
- ●繁育方法：扦插法，春季至秋季为适期。
- ●栽培要点：栽培介质以肥沃沙质壤土为佳。春、夏季施肥2～3次。冬季、早春修剪整枝，植株老化需强剪或重剪。

▲ 光耀藤·椭叶斑鸠菊（原产印度、缅甸）
Vernonia elliptica

▲ 洋落葵·藤三七（原产南美洲）
Anredera cordifolia

▲ 落葵·皇宫菜·潺菜（原产印度）
Basella alba

▲ 红茎落葵（栽培种）
Basella alba 'Rubra'

落葵科常绿蔓性藤本

洋落葵

- ●别名：藤三七。
- ●植物分类：洋落葵属（*Anredera*）。
- ●产地：南美洲热带地区。
- ●形态特征：草质藤本，茎缠绕性，幼茎红褐色。叶互生，心状卵形或卵圆形，先端短尖钝头，全缘，薄肉质；叶腋下有块状珠芽。夏、秋季开花，穗状花序，小花淡黄色。浆果球形，熟果紫黑色。
- ●用途：小型棚架、攀缘篱墙或栅栏。嫩叶、嫩芽可当蔬菜食用。药用可治咳嗽、胃痛、肝硬化、糖尿病、跌打伤等。
- ●生长习性：中性植物，偏阳性。性喜高温、湿润、向阳至荫蔽之地，生长适宜温度20～30℃，日照50%～100%。生性强健粗放，耐热、耐旱、耐瘠。
- ●繁育方法：播种法、扦插法或珠芽繁育，春季至秋季为适期。
- ●栽培要点：栽培介质以壤土或沙质壤土为佳。春、夏季施肥3～4次。每年早春修剪整枝，茎蔓老化更新栽培或施以强剪，促使萌发新茎叶。

落葵科常绿蔓性藤本

落葵

- ●别名：皇宫菜、潺菜。
- ●植物分类：落葵属（*Basella*）。
- ●产地：亚洲热带地区。园艺蔬菜普遍栽培。
- ●形态特征：草质藤本，茎紫红色或红褐色，缠绕性。叶卵形或卵圆形，全缘，薄肉质。夏、秋季开花，穗状花序，萼片粉红色，花瓣缺。浆果球形，熟果紫黑色。园艺栽培种有红茎落葵、广叶落葵；广叶落葵叶片宽大，心状阔卵形，先端钝或圆，萼片白色，为蔬菜主要品种。
- ●用途：小型棚架、攀缘篱墙或栅栏。嫩叶、嫩芽可当蔬菜食用。药用可治咳嗽、湿疹、便秘、糖尿病。
- ●生长习性：阳性植物。性喜高温、湿润、向阳之地，生长适宜温度22～30℃，日照70%～100%。生性强健，耐热、耐旱、耐湿。
- ●繁育方法：播种法或扦插法，春季至秋季为适期。
- ●栽培要点：栽培介质以壤土或沙质壤土为佳。春、夏季施肥3～4次。茎蔓老化施以重剪或强剪。

紫葳科常绿蔓性藤本

紫葳藤

- **别名**：吊钟藤。
- **植物分类**：紫葳属（*Bignonia*）。
- **产地**：北美洲亚热带地区。园艺观赏零星栽培。
- **形态特征**：木质藤本，具卷须，茎攀缘性，能垂悬生长。叶对生，卵形或卵状椭圆形，先端渐尖钝头，全缘或波状缘，薄革质。花冠钟铃形，上部5裂，裂片黄色，冠筒内暗橙红色，盛开的花朵如钟铃悬挂枝头，鲜艳而悦目。
- **花期**：春末、夏季开花。
- **用途**：拱门、花架、攀缘篱墙或栅栏美化。蔓性不强，攀缘大型荫棚困难。
- **生长习性**：阳性植物。性喜温暖、湿润、向阳之地，生长适宜温度18～28℃，日照70%～100%。
- **繁育方法**：扦插法，春季为适期。
- **栽培要点**：栽培介质以壤土或沙质壤土为佳。冬、春季施肥2～3次。植株老化施以重剪或强剪，促使茎叶新生。

▲ 紫葳藤·吊钟藤（原产北美洲）
Bignonia capreolata

紫葳科常绿蔓性藤本

蒜香藤

- **别名**：紫铃藤。
- **植物分类**：蒜香藤属（*Mansoa*）。
- **产地**：中美洲、南美洲热带地区。园艺观赏普遍栽培。
- **形态特征**：木质藤本，叶柄基部有卷须，枝攀缘性，枝叶有大蒜味道。二出复叶，对生，椭圆形，全缘，革质。春季至秋季均能开花，聚伞花序，花冠漏斗形，上部5裂，粉红色至紫色，盛花期花团锦簇，令人激赏。蒴果扁线形，种子具薄膜翅。
- **用途**：拱门、花架、攀缘篱墙美化。成株枝条下部萌芽力强，但不易长高，因此少有荫棚栽培。
- **生长习性**：阳性植物。性喜高温、湿润、向阳之地，生长适宜温度20～30℃，日照70%～100%。生性强健粗放，耐热、耐旱。
- **繁育方法**：扦插法、分株法，春季至秋季为适期。
- **栽培要点**：栽培介质以壤土或沙质壤土为佳。春季至秋季生长开花期施肥3～4次。花后或早春修剪整枝；幼株生长缓慢，3年生以后成长快速。

▲ 蒜香藤·紫铃藤（原产西印度、哥伦比亚）
Mansoa alliacea（Pseudocalymma alliaceum）

▲凌霄花·紫葳（原产中国）
Campsis grandiflora

紫葳科落叶蔓性藤本

凌霄花类

- ●**植物分类**：凌霄花属（*Campsis*）。
- ●**产地**：亚洲、北美洲暖带至亚热带地区。
- 1.**凌霄花**：别名紫葳。园艺观赏零星栽培。木质藤本，茎节能生长气根，攀附于大树干或水泥砖墙。奇数羽状复叶，小叶卵形或卵状披针形，粗锯齿缘，纸质。夏、秋季开花，圆锥花序，花冠广漏斗形，上部5裂，橙红色，冠筒内黄色具红色条纹，花姿赏心悦目。蒴果椭圆形，种子扁平，具膜质翅。
- 2.**美国凌霄**：别名美国紫葳。园艺观赏零星栽培。木质藤本，茎节能生长气根，攀附于大树干或水泥砖墙。奇数羽状复叶，小叶卵状椭圆形，先端尾尖，粗锯齿缘，纸质。夏、秋季开花，圆锥花序，花冠喇叭状，上部5裂，橙红色。蒴果长圆柱形，种子有膜质翅。园艺栽培种有黄花美凌霄，开花黄色。
- 3.**红葳**：杂交种，凌霄花与美国凌霄杂交而成，园艺观赏零星栽培。木质藤本，茎节能附生大树干或水泥砖墙。奇数羽状复叶，小叶卵形，全缘或锯齿缘，纸质。夏、秋季开花，圆锥花序，花冠喇叭状，上部5裂，暗红色至暗紫红色。
- ●**用途**：花架、攀附篱墙或大树干。凌霄花药用可治急性胃肠炎、月经不调、风湿骨痛、痛风等。
- ●**生长习性**：阳性植物，日照70%～100%。性喜温暖、湿润、向阳之地，生长适宜温度15～28℃。
- ●**繁育方法**：播种、扦插法，春季为适期。
- ●**栽培要点**：栽培介质以腐殖土或沙质壤土为佳。春、夏季施肥2～3次。冬季落叶后修剪整枝，剪除枯枝和细枝，植株老化施以重剪或强剪。

▲美国凌霄·美国紫葳（原产北美洲）
Campsis radicans

▲黄花美凌霄（栽培种）
Tecomaria radicans 'Flava'

紫葳科常绿蔓性灌木

硬骨凌霄

- **别名**：洋凌霄。
- **植物分类**：硬骨凌霄属（*Tecomaria*）。
- **产地**：非洲东南部热带至亚热带地区。园艺观赏零星栽培。
- **形态特征**：株高可达2.5米，幼株直立性，成株枝性。奇数羽状复叶，对生，小叶阔卵形或菱状椭圆形，先端尾尖，疏锯齿缘，纸质。全年见花，夏、秋季盛开；总状花序，花冠斜长筒形，上部5裂，橙红色，花丝细长，花姿明艳悦目。蒴果线形。园艺栽培种有金黄洋凌霄、金天使。
- **用途**：庭园独立栽培、篱墙美化、大型盆栽。硬骨凌霄药用可治哮喘、咽喉肿痛、跌打伤等。
- **生长习性**：阳性植物。性喜高温、湿润、向阳之地，生长适宜温度22～30℃，日照70%～100%。
- **繁育方法**：扦插法，春季至秋季为适期。
- **栽培要点**：栽培介质以腐殖土或沙质壤土为佳。春季至秋季施肥3～4次。早春或花后修剪整枝，枝条老化施以重剪或强剪，促其萌发新枝再开花。

▲硬骨凌霄·洋凌霄（原产非洲南部）
Tecomaria capensis

▲硬骨凌霄'金天使'（栽培种）　（陈运造 摄影）
Tecomaria capensis 'Aurea'

▲红葳（杂交种）
Campsis × tagliabuana

▲红葳（杂交种）
Campsis × tagliabuana

▲ 猫爪藤（原产美洲热带地区）
Macfadyena unguis-cati

▲ 炮仗花·炮仗藤（原产巴西）
Pyrostegia venusta (*Pyrostegia ignea*)

▲ 炮仗花·炮仗藤（原产巴西）
Pyrostegia venusta (*Pyrostegia ignea*)

紫葳科常绿蔓性藤本

猫爪藤

- **植物分类**：猫爪藤属（*Macfadyena*）。
- **产地**：中美洲、南美洲热带地区。园艺观赏零星栽培。
- **形态特征**：木质藤本，叶基具三叉状卷须，形似猫爪，能攀缘他物生长。二出复叶，对生，叶片长卵形或阔披针形，先端长渐尖，波状缘或全缘，纸质。花冠斜漏斗形，上部5裂，上2片反卷，下3片平出，黄色，花姿鲜黄明艳。
- **花期**：春末、夏季开花。
- **用途**：花架、花廊、荫棚、攀缘篱墙美化。
- **生长习性**：阳性植物。性喜高温、湿润、向阳之地，生长适宜温度20～30℃，日照70%～100%。冬季需温暖避风越冬。
- **繁育方法**：扦插法或压条法，春季为适期。
- **栽培要点**：栽培介质以壤土或沙质壤土为佳。春、夏季施肥2～3次。春季修剪整枝，枝条老化施以重剪或强剪，促使萌发新枝叶。

紫葳科常绿蔓性藤本

炮仗花

- **别名**：炮仗藤。
- **植物分类**：炮仗花属（*Pyrostegia*）。
- **产地**：南美洲热带地区。园艺观赏普遍栽培。
- **形态特征**：大型木质藤本，具三叉状卷须。羽状复叶，小叶2～3片，卵形或卵状椭圆形，先端钝或短尖。聚伞花序圆锥状，花冠长筒形，上部4～5裂，2裂片平出，3裂片反卷，橙黄色，盛开时灿烂辉煌。
- **花期**：冬、春季开花，常在春节前后盛开。
- **用途**：大型花架、花廊、攀缘篱墙或荫棚等，可植于高地垂悬生长。药用可治咽喉肿痛、支气管炎。
- **生长习性**：阳性植物。性喜高温、湿润、向阳之地，生长适宜温度20～30℃，日照70%～100%。生性强健、耐寒、耐热、耐旱。
- **繁育方法**：扦插或高压法，春季至秋季为适期。
- **栽培要点**：栽培介质以壤土或沙质壤土为佳。春、夏季施肥2～3次。秋、冬季减少灌水，干燥能促进花芽分化。枝条老化或花后施以重剪或强剪。

紫葳科常绿蔓性灌木

紫芸藤

- **别名**：肖粉凌霄、非洲凌霄。
- **植物分类**：紫芸藤属（*Podranea*）。
- **产地**：非洲南部热带至亚热带地区。园艺观赏零星栽培。
- **形态特征**：株高可达2.5米，幼株直立性，成株枝条攀缘性或缠绕性。奇数羽状复叶，对生，叶柄具凹沟；小叶长卵形，先端渐尖，基部紫黑色，锯齿缘，纸质。秋末至春季开花，聚伞花序，花冠斜漏斗形，上部5裂，裂片粉红色至淡紫色，并有紫红色条纹，冠筒内淡黄色，具香气，花姿柔美悦目。
- **用途**：庭园独立栽培、攀缘篱墙、大型盆栽。
- **生长习性**：阳性植物。性喜温暖至高温、湿润、向阳之地，生长适宜温度18～30℃，日照70%～100%。
- **繁育方法**：扦插法，春季至秋季为适期。
- **栽培要点**：栽培介质以壤土或沙质壤土为佳。秋末至春季生长开花期施肥2～3次。花后修剪整枝，枝条老化施以重剪或强剪。

紫葳科常绿蔓性藤本

连理藤

- **植物分类**：连理藤属、刺果紫葳属（*Clytostoma*）。
- **产地**：南美洲热带地区。园艺观赏零星栽培。
- **形态特征**：木质藤本，叶基具弹簧状卷须，能攀缘他物生长。二出复叶，对生，小叶倒卵状长椭圆形，先端锐，全缘，革质。花冠斜漏斗形，上部5裂，上2片反卷，下3片平出，淡紫色，并具有紫红色条纹，冠筒内淡黄色，花姿柔美。蒴果有刺。
- **花期**：春、夏季开花。
- **用途**：花架、花廊、荫棚、攀缘篱墙美化。
- **生长习性**：阳性植物。性喜高温、湿润、向阳之地，生长适宜温度22～32℃，日照70%～100%。冬季需温暖避风越冬，低温期培养土避免长期潮湿。
- **繁育方法**：扦插法，春季为适期。
- **栽培要点**：栽培介质以壤土或沙质壤土为佳。春、夏季或开花期施肥2～3次。春季修剪整枝，枝条老化施以重剪或强剪，促使茎叶新生。

▲ 紫芸藤·肖粉凌霄·非洲凌霄（原产非洲南部）
Podranea ricasoliana

▲ 连理藤（原产美洲热带地区）　　（陈运造 摄影）
Clytostoma callistegioides

▲ 馨葳'红心花'（栽培种）
Pandorea jasminoides 'Ensel'

▲ 斑叶馨葳（栽培种）
Pandorea jasminoides 'Ensel-Variegata'

▲ 大紫葳（原产哥伦比亚）
Saritaea magnifica

紫葳科常绿蔓性藤本

馨葳

- **别名**：粉花凌霄。
- **植物分类**：馨葳属、粉花凌霄属（*Pandorea*）。
- **产地**：澳大利亚亚热带地区。园艺观赏零星栽培。
- **形态特征**：木质藤本，枝攀缘性或缠绕性。奇数羽状复叶，小叶长椭圆形或卵状披针形，全缘，革质。春末至秋季开花，短圆锥花序，花冠漏斗形，上部5裂，粉红色，冠筒内暗红色，花姿清雅宜人。园艺栽培种有白花馨葳、红花馨葳、斑叶馨葳、红心花等。
- **用途**：花架、藩篱或栅栏美化、盆栽。
- **生长习性**：阳性植物。性喜温暖至高温、湿润、向阳之地，生长适宜温度18～28℃，日照70%～100%。夏季避免高温潮湿，冬季需温暖避风越冬。
- **繁育方法**：扦插法，春季至秋季为适期。
- **栽培要点**：栽培介质以腐殖土或沙质壤土为佳。春、夏季生长期施肥2～3次。梅雨季培养土应注意排水。冬季修剪整枝，枝条老化施以重剪或强剪。

紫葳科常绿蔓性藤本

大紫葳

- **植物分类**：大紫葳属（*Saritaea*）。
- **产地**：南美洲热带地区。园艺观赏零星栽培。
- **形态特征**：大型木质藤本，叶柄基部有卷须，枝攀缘性。二出复叶，对生，小叶倒卵形，先端钝或圆，全缘，革质。聚伞花序，花冠斜漏斗形，上部5裂，紫红色，冠筒内白色具紫色条纹，花姿华丽。
- **花期**：全年开花，夏、秋季盛开。
- **用途**：花廊、花架、攀缘篱墙或荫棚美化。
- **生长习性**：阳性植物。性喜高温、湿润、向阳之地，生长适宜温度22～32℃，日照70%～100%。耐热、耐旱，台湾中、南部开花良好，北部秋、冬季多雨潮湿，不利开花。
- **繁育方法**：扦插法，春季为适期。
- **栽培要点**：栽培介质以壤土或沙质壤土为佳。春季至秋季生长期施肥3～4次。春季修剪整枝，枝条老化施以重剪或强剪。

苏木科常绿蔓性藤本

龙须藤

- **别名**：菊花木。
- **植物分类**：羊蹄甲属（*Bauhinia*）。
- **产地**：亚洲热带地区。园艺观赏零星栽培。
- **形态特征**：大型木质藤本，具卷须，枝攀缘性，主干径可达20厘米，横断面有菊花状花纹。叶互生，卵形或近心形，先端浅裂或深裂，偶有渐尖，全缘，厚纸质。夏季开花，总状花序，顶生，花乳白色。荚果扁长椭圆形，熟果褐色。
- **用途**：绿廊、藩篱、荫棚。木材珍贵，可制家具、工艺品。药用可治关节痛、胃溃疡、疳积等。
- **生长习性**：阳性植物。性喜高温、湿润、向阳之地，生长适宜温度18～30℃，日照60%～100%。生性强健，萌芽力强，耐热、耐旱、耐阴。
- **繁育方法**：播种法、高压法，春、夏季为适期。
- **栽培要点**：栽培介质以沙质壤土为佳。春、夏季生长期施肥2～3次。春季修剪整枝，枝条老化施以重剪或强剪。

苏木科常绿蔓性灌木

素心花藤

- **植物分类**：羊蹄甲属（*Bauhinia*）。
- **产地**：亚洲南部热带地区。园艺观赏零星栽培。
- **形态特征**：蔓性灌木，枝性，伸长可达5米以上，修剪成灌木后株高20～40厘米即能开花。叶互生，长卵形或椭圆形，三出脉，先端尾尖，全缘，革质，叶面明亮富光泽。总状伞房花序，花瓣5枚，橙红色、桃红色或黄色，花色缤纷美艳。
- **花期**：夏、秋季开花。
- **用途**：拱门、花架、攀缘篱墙、荫棚、盆栽。
- **生长习性**：阳性植物。性喜高温、湿润、向阳之地，生长适宜温度23～32℃，日照70%～100%。耐热、耐旱，冬季需温暖避风越冬。
- **繁育方法**：扦插法或高压法，春、夏季为适期。
- **栽培要点**：栽培介质以壤土或沙质壤土为佳。春、夏季施肥2～3次。春季修剪整枝，枝条老化施以强剪或重剪。

▲龙须藤·菊花木（原产中国、中南半岛、印度尼西亚） *Bauhinia championii*

▲素心花藤（原产印度尼西亚苏门答腊） *Bauhinia kockiana*

▲素心花藤（原产印度尼西亚苏门答腊） *Bauhinia kockiana*

蔓性羊蹄甲类

● **植物分类**：羊蹄甲属（*Bauhinia*）。

● **产地**：亚洲热带地区。

1. **红毛羊蹄甲**：园艺观赏零星栽培。木质藤本，幼枝密被红褐色茸毛，具叉状卷须，攀缘性。叶互生，肾形，先端短尖，叶面黄绿色，叶背有毛，红褐色；叶柄、叶缘密生红褐色茸毛，纸质。叶片为天然干燥花材。

2. **大叶羊蹄甲**：园艺观赏零星栽培。大型木质藤本，枝攀缘性，伸长可达6米以上，幼枝密生褐毛。叶互生，肾形，先端钝圆，全缘，纸质，形似羊蹄甲；叶面特大，直径可达50厘米，叶形之大令人啧啧称奇。叶片为天然干燥花材，久藏不坏。

3. **白冠藤**：园艺观赏零星栽培。蔓性灌木，枝攀缘性，幼枝红褐色，有棱。叶互生，肾形，全缘，纸质，形似羊蹄甲。春末、夏季开花。总状花序，小花多数簇生，白色。荚果扁平如豆，熟果褐色。

● **用途**：白冠藤适合小型花架、攀缘篱墙美化。大叶羊蹄甲、红毛羊蹄甲适于绿廊或大型荫棚。

● **生长习性**：阳性植物。性喜高温、湿润、向阳之地，生长适宜温度22～30℃，日照70%～100%。

● **繁育方法**：播种、高压法，春季为适期。

● **栽培要点**：栽培介质以壤土或沙质壤土为佳。春、夏季施肥2～3次。春季修剪整枝，枝条老化施以强剪或重剪。

▲红毛羊蹄甲（种名、原产地不详）
Bauhinia 'Red Hair'

▲大叶羊蹄甲（原产喜马拉雅、缅甸）
Bauhinia vahlii

▲白冠藤（原产中国、马来西亚、越南）
Bauhinia scandens

苏木科落叶蔓性灌木

云实

- **别名**：员实、云英。
- **植物分类**：云实属、苏木属（*Caesalpinia*）。
- **产地**：亚洲、澳大利亚、非洲热带至亚热带地区。园艺观赏零星栽培。
- **形态特征**：枝攀缘性，枝和羽叶总柄散生钩刺。二回羽状复叶，互生，小叶长椭圆形或椭圆状倒卵形，先端圆或截形，纸质。夏季开花，总状花序，顶生，花冠鲜黄亮丽。荚果长椭圆形，无刺，具喙。
- **用途**：花架、荫棚、防卫性绿篱。药用可治咽喉痛、感冒头痛、疟疾、小儿口疮等。
- **生长习性**：阳性植物。性喜高温、湿润、向阳之地，生长适宜温度22~30℃，日照70%~100%。生性强健，耐热、耐旱、耐瘠。
- **繁育方法**：播种法、扦插法或分株法，春季为适期。
- **栽培要点**：栽培介质以壤土或沙质壤土为佳。春、夏季施肥2~3次。冬季落叶后修剪整枝，植株老化需强剪或重剪。

▲云实·员实·云英（原产中国、印度、印度尼西亚、马达加斯加） *Caesalpinia decapetala*

苏木科落叶蔓性灌木

南蛇簕

- **别名**：莲实藤。
- **植物分类**：云实属、苏木属（*Caesalpinia*）。
- **产地**：亚洲、非洲热带地区。园艺观赏零星栽培。
- **形态特征**：枝攀缘性，枝及叶脉密生钩刺。二回羽状复叶，互生，小叶椭圆形，先端渐尖或小突尖，全缘，纸质。总状花序，顶生，花冠黄绿色。荚果椭圆形，密生细刺，具喙。
- **花期**：春、夏季开花。
- **用途**：花架、荫棚、防卫性绿篱。药用可治睾丸炎、筋骨酸痛、黄疸等。
- **生长习性**：阳性植物。性喜高温、湿润、向阳之地，生长适宜温度22~30℃，日照70%~100%。生性强健，耐热、耐旱、耐瘠。
- **繁育方法**：播种法、扦插法或分株法，春季为适期。
- **栽培要点**：栽培介质以壤土或沙质壤土为佳。春、夏季施肥2~3次。冬季落叶后修剪整枝，植株老化需重剪或强剪。

▲南蛇簕·莲实藤（原产东南亚、非洲、马达加斯加、中国） *Caesalpinia minax*

▲忍冬·金银花（原产中国、日本、韩国）
Lonicera japonica

▲洒金忍冬·黄脉金银花
Lonicera japonica var. *aureo-reticulata*

▲红腺忍冬·里白忍冬（原产中国、日本）
Lonicera hypoglauca

忍冬科常绿或落叶蔓性藤本

忍冬类

● **植物分类**：忍冬属（*Lonicera*）。

● **产地**：亚洲、北美洲亚热带至温带地区。

1. **忍冬**：别名金银花。园艺观赏普遍栽培。半落叶木质藤本，茎缠绕性。叶对生，长椭圆形或卵形，先端锐尖、钝或圆，纸质，两面被毛。夏、秋季开花，花成对腋生，花冠唇形，上唇3~4浅裂，初开白色（银花），渐转黄色（金花），具香气。浆果球形，熟果蓝黑色。园艺栽培种有洒金忍冬。

2. **红腺忍冬**：别名里白忍冬。落叶木质藤本，茎缠绕性。叶对生，卵状长椭圆形，先端渐尖，两面光滑，叶背密生红色腺点。夏、秋季开花，花冠唇形，上唇3~4浅裂，初开白色，渐转黄色，具香气。浆果球形。

3. **贯叶忍冬**：常绿木质藤本，茎缠绕性。叶粉绿色，叶形多变，有线形、卵形、椭圆形等，无柄抱茎，先端1~2对叶片基部相连呈杯状，酷似细茎贯穿。花冠喇叭形，先端浅裂，红色。浆果红色。

4. **杂交忍冬**：常绿木质藤本，茎缠绕性。叶粉绿色，对生，倒卵形或椭圆形，具短柄，先端1~2对叶片基部相连呈杯状，酷似细茎贯穿。短穗状花序，顶生，花冠唇形，上唇3~4浅裂，桃红色至橙黄色。

● **用途**：花廊、花架、攀缘篱墙或荫棚。忍冬药用可治流感、皮肤病、疔疮肿毒、痔漏、各种癌症等。

● **生长习性**：中性植物，偏阳性，日照60%~100%。忍冬、红腺忍冬性喜温暖至高温、湿润，生长适宜温度18~30℃。贯叶忍冬、杂交忍冬性喜冷凉至温暖、干燥，生长适宜温度12~22℃。

● **繁育方法**：播种法、扦插法或压条法，春季为适期。

● **栽培要点**：可比照使君子。

▲贯叶忍冬（原产北美洲东北部）
Lonicera sempervirens

使君子科落叶蔓性藤本

使君子

- ●**植物分类**：使君子属（*Quisqualis*）。
- ●**产地**：亚洲热带地区。园艺观赏普遍栽培。
- ●**形态特征**：大型木质藤本，枝攀缘性，茎节处有刺状物。叶对生或近对生，倒卵状椭圆形，先端锐或短尖，全缘，纸质，新叶暗红色。伞房状穗状花序，悬垂状，花冠长管状，5瓣，初开粉白色，渐转桃红色，花期长，花姿美艳，具香气。核果椭圆形，5棱，形似小阳桃。园艺栽培种有重瓣使君子，花瓣8～12枚，花期持久。
- ●**花期**：夏季开花。
- ●**用途**：花廊、花架、拱门、攀缘篱墙或荫棚美化、诱蝶植物。根、种子为驱虫、健脾良药。
- ●**生长习性**：阳性植物。性喜高温、湿润、向阳之地，生长适宜温度22～30℃，日照70％～100％。生性强健，耐热、耐旱、耐湿。
- ●**繁育方法**：播种法、根插或分株法，春、夏季为适期。
- ●**栽培要点**：栽培介质以腐殖土或沙质壤土为佳。春、夏季施肥2～3次。落叶后或早春修剪整枝，植株老化需强剪或重剪。

▲使君子（原产亚洲热带地区）
Quisqualis indica

▲使君子核果椭圆形，5棱，形似小阳桃

▲杂交忍冬（杂交种）
Lonicera × americana 'Rubra'

▲重瓣使君子（栽培种）
Quisqualis indica 'Double Flowered'

▲绒毛白鹤藤·美丽白鹤藤·象藤（原产印度、孟加拉） *Argyreia nervosa*（*Argyreia speciosa*）

旋花科常绿蔓性藤本

绒毛白鹤藤

- **别名**：美丽白鹤藤、象藤。
- **植物分类**：白鹤藤属（*Argyreia*）。
- **产地**：亚洲西南部热带地区。园艺观赏零星栽培。
- **形态特征**：大型木质藤本，枝缠绕性，幼枝密被银白色茸毛。叶互生，心形，先端突尖，全缘，纸质，叶背银白色。夏、秋季开花，聚伞花序，花冠漏斗形，合瓣，桃红色，冠筒内紫红色，枝叶洁净，花姿柔美。
- **用途**：花廊、花架、攀缘篱墙、荫棚。药用可治肾炎水肿、风湿痛、咳嗽痰喘、痱子疮、湿疹等。
- **生长习性**：中性植物，偏阳性。性喜高温、湿润、向阳之地，生长适宜温度23～32℃，日照60%～100%。
- **繁育方法**：播种法或扦插法，春、夏季为适期。
- **栽培要点**：栽培介质以壤土或沙质壤土为佳。春季至秋季生长开花期施肥3～4次。植株老化需强剪或重剪，促使生长新枝叶。

▲茑萝·锦屏封·游龙草（原产美洲热带地区）
Ipomoea quamoclit

▲白花茑萝（栽培种）
Ipomoea quamoclit 'Alba'

▲茑萝·锦屏封·游龙草（原产美洲热带地区）
Ipomoea quamoclit

茑萝类

● **植物分类**：牵牛花属、番薯属（*Ipomoea*）。

● **产地**：中美洲、南美洲热带地区。

1. **茑萝**：别名锦屏封、游龙草。园艺观赏普遍栽培。1年生草质藤本，茎纤细，缠绕性，茎叶细致柔美。叶羽状细裂，小叶线形。夏、秋季开花，花冠喇叭状，上部5深裂，裂片呈星形，鲜红色。蒴果圆锥形。园艺栽培种有白花茑萝，开花白色。药用可治痔漏、耳疗。

2. **槭叶茑萝**：杂交种，园艺观赏零星栽培。1年生草质藤本，茎缠绕性。叶羽状裂叶，小叶披针形。夏、秋季开花，花冠喇叭状，上部5浅裂或呈五角形，红色，冠筒内淡黄色。蒴果圆锥形。小花盛开点点殷红，悦目宜人。

3. **圆叶茑萝**：别名勋章牵牛。园艺观赏零星栽培。1年生草质藤本，茎纤细，缠绕性或匍匐性。叶心形，先端突尖或尾尖，叶缘3浅裂。夏、秋季开花，花冠喇叭状，上部5浅裂或呈五角形，鲜红色，冠筒内淡黄色。

4. **王妃藤**：园艺观赏零星栽培。多年生草质藤本，茎缠绕性。叶互生，掌状深裂呈复叶状，小叶3～5枚，下叶片最大，长椭圆形或披针形，革质。春季至秋季开花，花冠喇叭状，上部5中裂，红色，花朵红焰醒目，花期长。

● **用途**：小花架、篱墙、窗台或栅栏美化、盆栽。

● **生长习性**：阳性植物。性喜高温、湿润、向阳之地，生长适宜温度22～30℃，日照70%～100%。

● **繁育方法**：播种法，春季、初夏为适期。

● **栽培要点**：栽培介质以壤土或沙质壤土为佳。春、夏季每月施肥1次，磷钾肥比例偏多，能促进开花。王妃藤是多年生草本，植株老化需重剪或强剪。

▲ 槭叶茑萝（杂交种）
Ipomoea × sloteri

▲ 圆叶茑萝·勋章牵牛（原产美洲热带地区）
Ipomoea hederifolia (Quamoclit cocinea)

▲ 王妃藤（原产西印度群岛）
Ipomoea horsfalliae

▲ 王妃藤（原产西印度群岛）
Ipomoea horsfalliae

旋花科一年生、多年生蔓性草本或蔓性灌木

牵牛花类

- **植物分类:** 牵牛花属、番薯属(*Ipomoea*)。
- **产地:** 亚洲、美洲、非洲等热带至亚热带地区。

1. **牵牛花:** 别名朝颜。1年生草质藤本,茎纤细,缠绕性。叶互生,心形或3裂,裂片卵形或斜卵形,先端锐尖或突尖,纸质。春、夏季开花,花冠漏斗形,合瓣,紫红或紫蓝色,冠筒内白色,朝开午谢。园艺栽培种或杂交种极多,有重瓣、斑叶或矮性品种等,花色有红、紫、紫红、紫蓝、复色镶嵌,缤纷美艳,园艺观赏普遍栽培。种子有毒,不可误食。药用可治肾气作痛、水肿、便秘、小便血淋。

2. **夜牵牛:** 别名晚欢花、月光花。园艺观赏零星栽培。1年生草质藤本,茎缠绕性。叶互生,心形,先端渐尖或尾尖,纸质。春末至秋季开花,夜开性,花冠高脚碟形,合瓣或5裂,白色,冠筒内淡黄色,花姿素雅。药用具消肿、解毒之效。

3. **毛牵牛:** 别名白花牵牛。多年生草质藤本,茎缠绕性或匍匐性,全株被毛。叶互生,长心形或三角状心形,先端渐尖,纸质,两面被毛。春、夏季开花,花冠漏斗形,合瓣,白色,花径小,朝开午谢。蒴果球形或阔卵形。

4. **变色牵牛:** 别名锐叶牵牛、碗公花。园艺观赏零星栽培。1年生草质藤本,茎缠绕性或匍匐性,蔓性强。叶互生,心形或圆心形,偶3裂。春、夏季开花,花冠漏斗形,合瓣,紫红色或蓝紫色,冠筒内淡白色,朝开午谢。蒴果球形。种子有毒,不可误

▲牵牛花·朝颜(原产亚洲热带地区)
Ipomoea nil (*Pharbitis nil*)

▲杂交牵牛花(杂交种) *Ipomoea hybrida*

▲夜牵牛·晚欢花·月光花(栽培种)*Ipomoea alba* 'Giant White'

▲毛牵牛·白花牵牛(原产热带地区、中国南方)*Ipomoea biflora*

▲变色牵牛·锐叶牵牛·碗公花(原产热带地区、中国南方)
Ipomoea indica (*Ipomoea acuminata*)

食。

5. **裂叶牵牛**：别名碗仔花。1年生草质藤本，茎被毛，缠绕性。叶互生，心形或3裂，全缘，纸质。春、夏季开花，聚伞花序，花冠漏斗形，合瓣，淡紫色或蓝色。

6. **五爪金龙**：别名槭叶牵牛、番仔藤。蔓性极强，目前已成为入侵有害植物，园艺观赏零星栽培。多年生草质藤本，茎缠绕性或匍匐性。叶互生，掌状深裂呈复叶状。全年开花，花冠漏斗形，合瓣，淡紫红色，冠筒内紫色，朝开午谢。蒴果近球形，种子有毛。园艺栽培种有白花五爪金龙，开花白色。药用可治中耳炎、咯血、淋病等。

7. **野牵牛**：别名姬牵牛、小心叶牵牛。1年生草质藤本，茎纤细，缠绕性或匍匐性。叶互生，阔心形，先端突尖，纸质。春、夏季开花，单生叶腋，花冠漏斗形，小花径约2厘米，乳白色，冠筒内淡黄色。蒴果卵形。种子有毒，不可误食。

8. **红花野牵牛**：别名小花假番薯。1年生草质藤本，茎缠绕性。叶有阔心形全缘、心形粗齿状缘、长心形3浅裂至深裂。聚伞花序，花冠漏斗形，小花径约1.5厘米，粉红色或紫红色，冠筒内紫红色，每花寿命3～5天，朝开午谢。种子有毒，不可误食。

9. **树牵牛**：别名南美旋花。园艺观赏普遍栽培。蔓性灌木，枝条直立，伸长后呈攀缘性，木质化。叶互生，广卵形或心形，先端尖。聚伞花序，花冠漏斗形，淡粉红色或淡紫色，冠筒内粉红色。蒴果卵形，种子密生细毛。

10. **马鞍藤**：别名鲎藤、厚藤。园艺景观普遍栽培。

▲ 五爪金龙·槭叶牵牛·番仔藤（原产亚洲热带地区、非洲） *Ipomoea cairica*

▲ 白花五爪金龙·白花槭叶牵牛（栽培种）
Ipomoea cairica 'Alba'

▲ 野牵牛·姬牵牛·小心叶牵牛（原产亚洲热带地区、非洲、澳大利亚北部、中国南方）*Ipomoea obscura*

▲ 裂叶牵牛·碗仔花（原产南美洲）
Ipomoea hederacea

▲ 红花野牵牛·小花假番薯（原产热带地区、中国南方） *Ipomoea triloba*

▲树牵牛·南美旋花（原产美洲热带地区）
Ipomoea carnea subsp. *fistulosa*

▲马鞍藤·鲎藤·厚藤（原产热带沿海地区、中国南方）*Ipomoea pes-caprae* subsp. *brasiliensis*

多年生草质藤本，全株光滑，匍匐性。叶互生，圆形或阔椭圆形，先端凹，形似马鞍，厚革质。春末至秋季开花，花冠漏斗形，粉红色，冠筒内紫红色。蒴果卵圆形。耐热、耐旱、耐瘠、耐盐，可作地被、海岸定沙。药用可治疗疮肿毒、湿疹、风湿关节痛、痔疮等。

11.**海滩牵牛**：别名假厚藤、白花马鞍藤。多年生草质藤本，茎匍匐性。叶互生，叶形多变，有卵形、扇形、盾形或3~5裂，先端钝或凹，厚肉质。春末至秋季开花，花冠漏斗形，白色，冠筒内黄色。蒴果球形。耐热、耐旱、耐瘠、耐盐，可作地被、海岸定沙。药用可治疗疮肿毒、湿疹、风湿关节痛、痔疮等。

12.**长管牵牛**：别名圆萼天茄儿。园艺观赏零星栽培。多年生草质藤本，茎缠绕性。叶互生，心形或圆心形。夏、秋季开花，花冠高脚碟形，上部5浅裂，白色。蒴果球形或扁球形。耐热、耐旱、耐盐，南部、东部地区可作荫棚栽培。

13.**七爪金龙**：别名掌叶牵牛。多年生草质藤本，地下有块根，茎缠绕性。叶互生，掌状深裂，常见5~7裂，裂片多变，有三角形、戟形或披针形。夏、秋季开花，伞房花序，花冠漏斗形，上部5浅裂，粉红色或淡紫红色，冠筒内紫红色。蒴果卵形。

14.**南沙牵牛**：别名海牵牛。园艺观赏零星栽培。多年生草质藤本，茎缠绕性或匍匐性。叶互生，卵状长心形，上部浅裂状，先端钝或渐尖，革质。夏、秋季开花，花冠漏斗形，上部5浅裂，粉红色，冠筒内紫红色。蒴果近球形。耐热、耐旱、耐瘠、耐盐。

▲海滩牵牛·假厚藤·白花马鞍藤（原产热带沿海地区、中国南方）*Ipomoea imperati*(*I. stolonifera*)

▲长管牵牛·圆萼天茄儿（原产亚洲热带地区、中国南方）*Ipomoea violacea*

▲七爪金龙·掌叶牵牛（原产澳大利亚）*Ipomoea mauritiana*(*Ipomoea digitata*)

15.**番薯**：别名甘薯。园艺蔬菜、采收地瓜普遍栽培。多年生草质藤本，地下有块根，茎匍匐性。品种极多。叶互生，不规则心形或裂叶，叶色有绿、紫红、紫绿、黄绿，或具斑纹等。秋、冬季开花，花冠漏斗形，合瓣，五角状，白色、粉红色或粉紫色，冠筒内紫红色。嫩茎叶为大众化蔬菜，地下块根（地瓜）可食用。药用可治便秘、湿热黄疸、崩漏、疮毒等。

16.**蕹菜**：别名空心菜。园艺蔬菜普遍栽培。多年生草质藤本，茎中空，匍匐性，水陆两栖。叶互生，叶形多变，有卵形、心形、线形或披针形。秋、冬季开花，花冠漏斗形，合瓣或五角状，白色或冠筒内紫红色。蒴果球形或卵形。茎叶为大众化蔬菜。药用可治鼻血不止、白带、牙痛等。

● **用途**：花架、地被、攀缘篱墙或栅栏美化、盆栽。

● **生长习性**：阳性植物。性喜高温、湿润、向阳之地，生长适宜温度20～32℃，日照80%～100%。生性强健，生长快速，耐热、不耐寒。

● **繁育方法**：播种法，春季为适期。五爪金龙、马鞍藤、海滩牵牛、树牵牛、长管牵牛、南沙牵牛、番薯、蕹菜等，亦可用扦插法或压条法育苗。

● **栽培要点**：栽培介质以壤土或沙质壤土为佳。春、夏季施肥3～4次，能促进生长旺盛。茎蔓伸长后需立支架供攀缘，调整方向，避免生长杂乱。树牵牛春季修剪整枝，植株老化需强剪或重剪。

▲ 南沙牵牛·海牵牛（原产中国及太平洋、印度洋沿岸） *Ipomoea littoralis*

▲ 番薯·甘薯（原产美洲热带地区）
Ipomoea batatas

▲ 蕹菜·空心菜（原产中国）
Ipomoea aquatica

▲ 蕹菜·空心菜（原产中国）
Ipomoea aquatica

▲ 金叶番薯（栽培种）
Ipomoea batatas 'Yellow'

▲ 鱼花茑萝·金鱼花（原产墨西哥）
Ipomoea lobata (*Mina lobata*)

旋花科一年生蔓性草本

鱼花茑萝

- ●别名：金鱼花。
- ●植物分类：牵牛花属、番薯属（*Ipomoea*）。
- ●产地：中美洲热带地区。园艺观赏零星栽培。
- ●形态特征：草质藤本，茎紫红色，缠绕性。叶互生，掌状深裂或心状3裂，裂片呈不规则缺刻，先端渐尖，纸质。夏、秋季开花，腋生，花冠穗状，小花淡黄色或红色，色泽下淡上浓，渐层而上，花姿调和悦目。
- ●用途：小花架、攀缘篱墙、窗台或栅栏美化、盆栽，不适合大型荫棚。
- ●生长习性：阳性植物。性喜高温、湿润、向阳之地，生长适宜温度22～30℃，日照70%～100%。生性强健，生长快速，耐热、不耐寒。
- ●繁育方法：播种法，春、夏季为适期。
- ●栽培要点：栽培介质以腐殖土或沙质壤土为佳。春、夏季生长期施肥2～3次。苗高约20厘米摘心1次，促使分生侧枝，能多开花。

旋花科多年生蔓性草本

打碗花类

- ●植物分类：打碗花属（*Calystegia*）。
- ●产地：欧洲、亚洲东北部亚热带至温带沿海地区。
- 1.肾叶打碗花：别名滨旋花。园艺观赏零星栽培。多年生草质藤本，茎匍匐性。叶互生，心形或圆肾形，先端钝圆或微凸，厚革质。春、夏季开花，花冠漏斗形，合瓣，淡粉红色，花姿清秀柔美。蒴果球形。药用可治风湿关节痛。
- 2.打碗花：别名小旋花。园艺观赏零星栽培。草质藤本，茎缠绕性。叶互生，长心形或箭形，上部呈三角状中裂，先端渐尖，全缘，纸质。春、夏季开花，花冠漏斗形，合瓣，淡粉红色，花姿淡雅清丽。
- ●用途：肾叶打碗花适合地被、盆栽。打碗花适合小花架、篱墙或栅栏美化、盆栽，不适合大型荫棚。
- ●生长习性：阳性植物。性喜温暖至高温、湿润、向阳之地，生长适宜温度18～28℃，日照70%～100%。耐热，也耐寒、耐旱、耐瘠、耐盐。
- ●繁育方法：播种法或扦插法，春季为适期。

▲ 肾叶打碗花·滨旋花（原产欧亚温带、大洋洲及中国）*Calystegia soldanella*　（郑元春 摄影）

旋花科落叶蔓性藤本

腺叶藤类

● **植物分类**：腺叶藤属（*Stictocardia*）。

● **产地**：世界热带沿海地区。

1. **腺叶藤**：别名大萼旋花。园艺观赏零星栽培。大型木质藤本，茎缠绕性。叶互生，心形或阔卵形，先端短尖或微钝，薄革质，叶背有小腺点。冬季开花，聚伞花序，夜开性，花冠漏斗形，合瓣，白色或粉红色，冠筒内紫红色。蒴果球形，熟果黑褐色。药用可治感冒发热、筋骨酸痛等。

2. **红腺叶藤**：园艺观赏零星栽培。木质藤本，茎缠绕性。叶互生，阔卵状心形，先端渐尖，纸质。夏、秋季开花，聚伞花序，花冠漏斗形，上部浅裂，红色，冠筒下部黄色，内部橙红色，花姿美艳。蒴果球形。

● **用途**：绿廊、藩篱或荫棚美化。

● **生长习性**：阳性植物。性喜高温、湿润、向阳之地，生长适宜温度23～32℃，日照80%～100%。耐热不耐寒、耐旱、耐盐。

● **繁育方法**：播种法或扦插法，春、夏季为适期。

● **栽培要点**：栽培介质以沙土或沙质壤土为佳。春、夏季施肥2～3次。冬季休眠茎叶干枯修剪整枝，植株老化施以重剪。

▲ 腺叶藤·大萼旋花（原产热带地区及中国）
Stictocardia tiliifolia　　　（郑元春 摄影）

▲ 打碗花·小旋花（原产中国、日本）
Calystegia hederacea

▲ 红腺叶藤（原产非洲热带地区）
Stictocardia beraviensis

▲ 小牵牛·娥房藤（原产澳大利亚、东南亚及中国） *Jacquemontia paniculata*

▲ 蓝花小牵牛·蓝依藤（原产北美洲） *Jacquemontia pentantha*

▲ 鱼黄草·金黄牵牛·菜栾藤（原产亚洲热带地区、澳大利亚及中国） *Merremia gemella*

旋花科多年生蔓性草本

小牵牛类

- ●植物分类：小牵牛属（*Jacquemontia*）。
- ●产地：东南亚、澳大利亚热带地区。
- 1.小牵牛：别名娥房藤。多年生草质藤本，茎缠绕性。叶互生，心状长卵形，纸质。聚伞花序，花冠浅漏斗形，上部五角状，淡粉红色或淡紫红色，冠筒内淡白色。蒴果球形。
- 2.蓝花小牵牛：别名蓝依藤。园艺观赏零星栽培。草质藤本，茎缠绕性。叶互生，心状长卵形，纸质。春、夏季开花，朝开午谢，聚伞花序，花冠浅漏斗形，合瓣，蓝色或蓝紫色，冠筒内白色，花姿幽美。
- ●用途：花架、攀缘篱墙或栅栏、盆栽。
- ●生长习性：阳性植物。性喜高温、湿润、向阳之地，生长适宜温度22～32℃，日照70%～100%。
- ●繁育方法：播种法，春季为适期。
- ●栽培要点：栽培介质以腐殖土或沙质壤土为佳。春、夏季施肥2～3次。冬枯后或花后修剪整枝，植株老化施以重剪或强剪。

旋花科多年生蔓性草本

鱼黄草

- ●别名：金黄牵牛、菜栾藤。
- ●植物分类：鱼黄草属（*Merremia*）。
- ●产地：亚洲及澳大利亚热带地区。园艺观赏零星栽培。
- ●形态特征：草质藤本，茎缠绕性。叶互生，心形，先端渐尖，全缘或疏齿状缘，纸质。聚伞花序，花冠漏斗形，上部5裂，裂片再呈浅裂，深黄色。蒴果卵圆形。
- ●花期：春、夏季开花，朝开午谢。
- ●用途：花架、攀缘篱墙或栅栏、盆栽。
- ●生长习性：阳性植物。性喜高温、湿润、向阳之地，生长适宜温度22～32℃，日照70%～100%。生性强健，成长快速，耐热不耐寒。
- ●繁育方法：播种法，春季为适期。
- ●栽培要点：栽培介质以腐殖土或沙质壤土为佳。春、夏季施肥2～3次。开花期间栽培介质必须保持湿度。花谢后除去残花，保持藤株美观。

旋花科常绿蔓性藤本

木玫瑰鱼黄草

- ●**别名**：块茎牵牛。
- ●**植物分类**：鱼黄草属（*Merremia*）。
- ●**产地**：南美洲热带地区。园艺观赏零星栽培。
- ●**形态特征**：大型木质藤本，茎缠绕性。叶互生，掌状深裂，裂片7枚，阔披针形，先端锐尖，全缘，纸质。总状花序，花冠漏斗形，合瓣，深黄色；熟果裂开，形似干燥的玫瑰花。种子黑褐色，密被细毛。
- ●**花期**：夏、秋季开花，晴天午谢，阴天黄昏凋谢。
- ●**用途**：花廊、攀缘篱墙、大型荫棚或屋顶遮阳。
- ●**生长习性**：阳性植物。性喜高温、湿润、向阳之地，生长适宜温度22～32℃，日照70%～100%。成长快速，成株一天24小时主茎可伸长约30厘米。
- ●**繁育方法**：播种法，春季至秋季为适期。
- ●**栽培要点**：栽培介质以壤土或沙质壤土为佳。春、夏季施肥2～3次。冬季低温呈半落叶现象，早春修剪整枝；成株寿命5～7年，老化后再更新栽培。

▲木玫瑰鱼黄草·块茎牵牛（原产美洲热带地区）
Merremia tuberosa

旋花科多年生蔓性草本

地旋花

- ●**别名**：尖萼山猪菜、过腰蛇。
- ●**植物分类**：地旋花属（*Xenostegia*）。
- ●**产地**：亚洲热带地区。园艺观赏零星栽培。
- ●**形态特征**：小型草质藤本，茎缠绕性或匍匐性。叶互生，戟状披针形，先端渐尖或锐尖，基部呈耳状，全缘，膜质或纸质。夏季开花，聚伞花序，花冠浅漏斗形或钟形，合瓣，淡黄色，冠筒内有红色环纹。蒴果球形或卵形。
- ●**用途**：小花架、攀缘篱墙或栅栏、盆栽。
- ●**生长习性**：阳性植物。性喜高温、湿润、向阳之地，生长适宜温度22～32℃，日照70%～100%。生性强健，耐热不耐寒，极耐旱、耐瘠。
- ●**繁育方法**：播种法或扦插法，春季为适期。
- ●**栽培要点**：栽培介质以腐殖土或沙质壤土为佳。春、夏季施肥2～3次。冬季会有休眠现象，茎叶枯黄萎凋，冬枯后或花后修剪整枝，植株老化施以重剪或强剪。

▲木玫瑰鱼黄草成熟果实干燥后会裂开，形似木质玫瑰花，久藏不凋

▲地旋花·尖萼山猪菜·过腰蛇（原产亚洲热带地区）*Xenostegia tridentata*（*Merremia tridentata*）

▲ 观赏南瓜·玩具南瓜（栽培种）
Cucurbita pepo 'Ovifera'

▲ 观赏南瓜品种多，造型千奇百怪，玲珑可爱，熟果极耐久藏，观赏价值高

葫芦科一年生蔓性草本

观赏南瓜

- **别名**：玩具南瓜。
- **植物分类**：南瓜属（*Cucurbita*）。
- **产地**：园艺栽培种。泛指具观赏价值的种类，品种极多，园艺观赏普遍栽培。
- **形态特征**：草质藤本，具卷须，攀缘性，全株有茸毛。叶互生，宽卵形或卵圆形，浅裂缘。春季开花，雌雄同株异花，花冠钟铃形，金黄色。果型变化丰富，造型千奇百怪，熟果极耐久藏，观赏价值高。
- **用途**：花架、藩篱、荫棚、盆栽、观果或食用。
- **生长习性**：阳性植物。品种多，有性喜冷凉或高温者，性喜冷凉者生长适宜温度15～25℃，性喜高温者生长适宜温度20～30℃，日照70%～100%。
- **繁育方法**：播种法。性喜冷凉者秋、冬季为适期，性喜高温者春季为适期。
- **栽培要点**：栽培介质以壤土或沙质壤土为佳。植株生长期施肥3～4次；若成株茎叶生长茂盛，增加磷、钾肥，减少氮肥，能提高开花结果率。

葫芦科一年生蔓性草本

双轮瓜

- **别名**：毒瓜。
- **植物分类**：双轮瓜属、毒瓜属（*Diplocyclos*）。
- **产地**：非洲、亚洲及澳大利亚等热带地区。园艺观赏零星栽培。
- **形态特征**：草质藤本，具二叉状卷须，茎攀缘性，地下根块状。叶互生，掌状5～7裂，裂片长卵状披针形，疏锯齿缘，纸质或膜质。夏季开花，雌雄同株异花，花冠黄色。浆果球形，熟果红色，表面有白色条纹。
- **用途**：花架、攀缘篱墙、栅栏美化。果枝可作花材。果实有大毒，不可误食。
- **生长习性**：阳性植物。性喜高温、湿润、向阳之地，生长适宜温度22～32℃，日照70%～100%。生性强健，蔓性强，耐热、耐旱、稍耐阴。
- **繁育方法**：播种法，春季为适期。
- **栽培要点**：栽培介质以壤土或沙质壤土为佳。春、夏季施肥2～3次。茎蔓伸长1米以上摘心1次，促其多分侧枝。

▲ 双轮瓜·毒瓜（原产非洲、亚洲、澳大利亚热带地区）*Diplocyclos palmatus*

葫芦科多年生蔓性草本

金瓜

- **别名**：裸瓣瓜。
- **植物分类**：裸瓣瓜属、金瓜属（*Gymnopetalum*）。
- **产地**：亚洲东南部热带地区。园艺观赏零星栽培。
- **形态特征**：小型草质藤本，具卷须，茎攀缘性。叶互生，心状卵形，3～5浅裂，膜质或纸质，两面有粗毛。夏季开花，雌雄同株异花，雄花单生或总状花序，花冠白色。果实纺锤形，表面有10条纵棱，熟果橙红色。
- **用途**：花架、攀缘篱墙、栅栏美化。
- **生长习性**：中性植物。性喜高温、湿润、向阳至略荫蔽之地，生长适宜温度20～30℃，日照50%～100%。耐热、耐阴、不耐潮湿。
- **繁育方法**：播种法，春季为适期。
- **栽培要点**：栽培介质以腐殖土或沙质壤土为佳。茎蔓30厘米以上摘心1次，促使多分侧枝。春、夏季生长期施肥2～3次；若叶片生长旺盛，减少氮肥，增加磷、钾肥，有利开花结果。

▲金瓜·裸瓣瓜（原产中国南部及东南亚）
Gymnopetalum chinense

葫芦科多年生蔓性草本

绞股蓝

- **别名**：七叶胆、五叶参。
- **植物分类**：绞股蓝属（*Gynostemma*）。
- **产地**：亚洲热带至温带地区。园艺观赏、药用零星栽培。
- **形态特征**：草质藤本，具卷须，茎攀缘性。叶互生，掌状复叶，小叶4～7枚，披针形或卵状长椭圆形，疏锯齿缘，膜质。秋季开花，雌雄异株，总状或圆锥花序，花冠黄绿色。浆果球形，熟果黑色。
- **用途**：花架、攀缘篱墙、栅栏美化。茎叶干品称"七叶胆茶"，民间常作保健饮料。药用可治高血压、糖尿病、慢性支气管炎等。
- **生长习性**：阴性植物。性喜冷凉、湿润、荫蔽之地，生长适宜温度15～22℃，日照40%～60%。耐阴、耐寒不耐热，中海拔生长良好，平地高温生长不良。
- **繁育方法**：播种法或扦插法，春季至秋季为适期。
- **栽培要点**：栽培介质以腐殖土或沙质壤土为佳。生长期间施肥2～3次。茎蔓30厘米以上摘心1次。

▲绞股蓝·七叶胆·五叶参（原产亚洲热带地区、中国、日本、韩国）*Gynostemma pentaphyllum*

▲ 葫芦（栽培种）
Lagenaria siceraria 'Gourda'

▲ 小葫芦（栽培种）
Lagenaria siceraria 'Microcarpa'

▲ 短果苦瓜·野苦瓜（原产亚洲热带地区）
Momordica charantia var. *abbreviata*

葫芦科一年生蔓性草本

葫芦

- ●**植物分类**：葫芦属（*Lagenaria*）。
- ●**产地**：园艺栽培种。园艺观赏普遍栽培。
- ●**形态特征**：草质藤本，具卷须，茎攀缘性。全株被毛，叶互生，心形，叶缘三角状浅裂，毛纸质。春末至秋季开花，雌雄同株异花，夜开性，花冠白色。果实葫芦形，熟果白绿色。同类植物有小葫芦，果实玲珑可爱。
- ●**用途**：花架、攀缘篱墙、荫棚。嫩果可当蔬果食用，熟果可制饰品。
- ●**生长习性**：阳性植物。性喜高温、湿润、向阳之地，生长适宜温度20～32℃，日照70%～100%。
- ●**繁育方法**：播种法，春季为适期。
- ●**栽培要点**：栽培介质以腐殖质壤土或沙质壤土为佳。春、夏季施肥2～3次。茎蔓爬上棚架摘心1次，促其多分侧枝。开花结果需靠昆虫媒介，雌花、雄花很多而结果少，必要时施行人工授粉。

葫芦科一年生蔓性草本

短果苦瓜

- ●**别名**：野苦瓜。
- ●**植物分类**：苦瓜属（*Momordica*）。
- ●**产地**：亚洲热带地区。园艺观赏、药用零星栽培。
- ●**形态特征**：小型草质藤本，茎攀缘性，具卷须。叶互生，掌状5～7深裂，裂片边缘有锯齿，膜质。春末至秋季开花，雌雄异花，花冠黄色。浆果椭圆状纺锤形，表面瘤状凸起，熟果橙黄色，假种皮红色。
- ●**用途**：小花架、攀缘篱墙、栅栏或盆栽。种子和果蒂周围的果肉有毒，不可生食。药用可治丹火毒气、大疔、高血压等。
- ●**生长习性**：阳性植物。性喜高温、湿润、向阳之地，生长适宜温度20～30℃，日照70%～100%。
- ●**繁育方法**：播种法，春季为适期。
- ●**栽培要点**：栽培介质以壤土或沙质壤土为佳。春、夏季施肥2～3次。磷、钾肥偏多有利开花结果。

葫芦科多年生蔓性草本

木鳖子

- ●**别名**：刺苦瓜。
- ●**植物分类**：苦瓜属（*Momordica*）。
- ●**产地**：亚洲热带地区。园艺观赏零星栽培。
- ●**形态特征**：大型草质藤本，茎攀缘性，具卷须，地下有块状根。叶互生，阔卵形，3～5浅裂至深裂，膜质。春末至秋季开花，雌雄异株，总状花序，花冠乳黄色。浆果椭圆形，表面密生短刺，熟果橙红色。种子扁圆似鳖甲。园艺栽培种有绿纹木鳖子，叶片3裂，上部无角状裂片，果实上部具绿色条纹。
- ●**用途**：花廊、攀缘篱墙、栅栏或荫棚。嫩叶及未熟果可当野菜食用；成熟的种子具特殊臭味，有大毒，不可误食。药用可治脚气、疔疮肿毒、瘰疬。
- ●**生长习性**：阳性植物。性喜高温、湿润、向阳之地，生长适宜温度22～32℃，日照70%～100%。
- ●**繁育方法**：播种法，春季为适期。
- ●**栽培要点**：栽培介质以壤土或沙质壤土为佳。春、夏季施肥2～3次。磷、钾肥偏多有利开花结果。

葫芦科一年生蔓性草本

红纽子

- ●**别名**：天花、帽儿瓜。
- ●**植物分类**：红纽子属（*Mukia*）。
- ●**产地**：亚洲、非洲及澳大利亚等热带至亚热带地区。园艺观赏、药用零星栽培。
- ●**形态特征**：小型草质藤本，全株被毛，具卷须，茎攀缘性或匍匐性。叶互生，阔卵形，3～5裂，不规则锯齿缘，膜质至纸质。春末、夏季开花，花冠星形，黄色。果实球形，表面密生短毛，熟果红色。
- ●**用途**：小花架、攀缘篱墙或栅栏美化、盆栽。药用可治支气管炎、瘰疬。
- ●**生长习性**：阳性植物。性喜高温、湿润至干旱、向阳之地，生长适宜温度20～30℃，日照70%～100%。生性强健，耐热、耐旱、不耐阴。
- ●**繁育方法**：播种法，春季为适期。
- ●**栽培要点**：栽培介质以腐殖土或沙质壤土为佳。苗高约30厘米摘心1次，促使多分侧枝。春、夏季施肥2～3次，磷、钾肥偏多有利开花结果。

▲ 木鳖子·刺苦瓜（原产中国、印度及东南亚）
Momordica cochinchinensis

▲ 绿纹木鳖子（栽培种）
Momordica cochinchinensis 'Green Veins'

▲ 红纽子·天花·帽儿瓜（原产亚洲热带地区、非洲、澳大利亚及中国） *Mukia maderaspatana*

▲ 茅瓜・老鼠瓜・变叶马㼎儿（原产亚洲热带地区、澳大利亚、东南亚及中国） *Solena amplexicaulis*

▲ 红瓜・印度瓜（原产亚洲热带地区）
Coccinia grandis

葫芦科多年生蔓性草本

茅瓜

- ●**别名**：老鼠瓜、变叶马㼎儿。
- ●**植物分类**：茅瓜属（*Solena*）。
- ●**产地**：亚洲热带至亚热带地区。园艺观赏、药用零星栽培。
- ●**形态特征**：草质藤本，具卷须，茎攀缘性。叶互生，叶形多变，有戟形、三叉形、掌状3~5裂、心状长椭圆形等，膜质至纸质，叶背灰绿色至灰白色。春末、夏季开花，花冠壶形，黄绿色。果实卵形至椭圆形，未熟果表面常具白色斑点，熟果红色。
- ●**用途**：花架、攀缘篱墙或栅栏美化、盆栽。药用可治扁桃腺炎、牙龈炎、痈疽疔疮等。
- ●**生长习性**：阳性植物。性喜高温、湿润、向阳之地，生长适宜温度22~32℃，日照70%~100%。
- ●**繁育方法**：播种法，春季为适期。
- ●**栽培要点**：栽培介质以腐殖土或沙质壤土为佳。苗高约30厘米摘心1次，促使多分侧枝。春、夏季施肥2~3次，磷、钾肥偏多有利开花结果。

葫芦科多年生蔓性草本

红瓜

- ●**别名**：印度瓜。
- ●**植物分类**：红瓜属（*Coccinia*）。
- ●**产地**：亚洲热带至亚热带地区。园艺观赏零星栽培。
- ●**形态特征**：大型草质藤本，具卷须，茎攀缘性。叶互生，心状阔卵形，5浅裂或5掌裂，裂片先端钝圆，近叶基处有腺点，全缘或疏细刺状缘，膜质至纸质。夏、秋季开花，雌雄异株，花冠钟形，5裂，白色。果实椭圆形，未熟果表面具淡白色纵纹，熟果红色，果径2~2.5厘米。
- ●**用途**：花架、攀缘篱墙或栅栏美化、荫棚。
- ●**生长习性**：阳性植物。性喜高温、湿润、向阳之地，生长适宜温度22~32℃，日照70%~100%。生性强健，耐热、耐旱、不耐阴。
- ●**繁育方法**：播种法，春季为适期。
- ●**栽培要点**：栽培介质以腐殖土或沙质壤土为佳。苗高约30厘米摘心1次，促使多分侧枝。春、夏季施肥2~3次，磷、钾肥偏多有利开花结果。

葫芦科一年生蔓性草本

蛇瓜

- **别名**：蛇豆、豆角黄瓜。
- **植物分类**：栝楼属（Trichosanthes）。
- **产地**：亚洲热带地区。园艺观赏、食用果菜零星栽培。
- **形态特征**：草质藤本，具卷须，茎攀缘性，横切面五角形、六角形。叶互生，掌状3～7深裂，密被细绒毛。夏、秋季开花，雌雄异花，雄花总状花序，花冠5裂，白色，裂片先端再呈丝状细裂。果实长管状扭曲，长可达160厘米，状似长虫，蜿蜒奇特。园艺栽培种有白短蛇瓜、绿短蛇瓜。
- **用途**：花架、荫棚美化。嫩果可当蔬果食用。
- **生长习性**：阳性植物。性喜高温、湿润、向阳之地，生长适宜温度23～32℃，日照70%～100%。成长快速，耐热不耐寒。
- **繁育方法**：播种法，春季为适期。
- **栽培要点**：栽培介质以壤土或沙质壤土为佳。果实长，设立棚架高度需200厘米以上。春、夏季施肥2～3次，磷、钾肥偏多有利开花结果。

葫芦科多年生蔓性草本

王瓜

- **别名**：假瓜蒌。
- **植物分类**：栝楼属（Trichosanthes）。
- **产地**：亚洲热带地区。园艺观赏、药用零星栽培。
- **形态特征**：草质藤本，卷须单一或2歧，茎攀缘性。叶互生，心状卵形或心状圆形，3～5深裂或不裂，波状缘，纸质或膜质，表面密生细毛。春末、夏季开花，夜开性，雌雄异株，雄花总状花序，花冠5裂，白色，裂片先端再呈丝状细裂，酷似蛇瓜。果实椭圆形，未熟果表面有白色纵条纹，熟果橙红色，可食用。
- **用途**：小花架、攀缘篱墙或栅栏美化、盆栽。
- **生长习性**：阳性植物。性喜温暖至高温、湿润、向阳之地，生长适宜温度18～30℃，日照70%～100%。生性强健，耐寒也耐热、耐旱、不耐阴。
- **繁育方法**：播种法，春季为适期。
- **栽培要点**：栽培介质以腐殖土或沙质壤土为佳。苗高约30厘米摘心1次，促使多分侧枝。春、夏季施肥2～3次，磷、钾肥偏多有利开花结果。

▲蛇瓜·蛇豆·豆角黄瓜（原产亚洲热带地区）
Trichosanthes anguina（*Trichosanthes cucumerina*）

▲绿短蛇瓜（栽培种）
Trichosanthes anguina 'Short fruit'

▲王瓜·假瓜蒌（原产亚洲热带地区及中国）
Trichosanthes ovigera（*Trichosanthes cucumeroides*）

▲ 南赤瓟・野丝瓜・青牛胆（原产中国）
Thladiantha nudiflora

葫芦科多年生蔓性草本

南赤瓟

- **别名**：野丝瓜、青牛胆。
- **植物分类**：赤瓟属（*Thladiantha*）。
- **产地**：华中至华南。园艺观赏、药用零星栽培。
- **形态特征**：小型草质藤本，全株被毛，具卷须，茎攀缘性或匍匐性。叶互生，心状阔卵形，波状细锯齿缘，纸质，表面粗糙，叶背密生绒毛。春末、夏季开花，雌雄异株，雄花总状花序，花冠钟形，5深裂，黄色。果实卵形、椭圆形或近球形，表面密生绒毛，熟果红色。
- **用途**：小花架、攀缘篱墙或栅栏美化、盆栽。药用可治头痛、蛇伤、肠炎、外伤等。
- **生长习性**：阳性植物。性喜温暖、湿润、向阳之地，生长适宜温度15～25℃，日照70%～100%。生性强健，耐寒不耐热，高冷地或中海拔栽培为佳。
- **繁育方法**：播种法，春季为适期。
- **栽培要点**：栽培介质以腐殖土或沙质壤土为佳。苗高约30厘米摘心1次，促使多分侧枝。春、夏季施肥2～3次，磷、钾肥偏多有利开花结果。

▲ 劳氏锡叶藤・白绒藤（原产泰国）
Tetracera loureiri

五桠果科蔓性藤本

劳氏锡叶藤

- **别名**：白绒藤。
- **植物分类**：锡叶藤属（*Tetracera*）。
- **产地**：泰国热带地区。园艺观赏零星栽培。
- **形态特征**：大型木质藤本，幼茎红褐色，攀缘性或缠绕性。叶互生，长椭圆形或倒卵状椭圆形，先端锐或渐尖，全缘，革质。头状或总状花序，花瓣肉质，肥大似萼片，雄蕊多数，白色，形似小粉扑。果实卵状球形。
- **花期**：春末、夏季开花。
- **用途**：绿廊、攀缘篱墙、荫棚。
- **生长习性**：阳性植物。性喜高温、湿润、向阳之地，生长适宜温度22～32℃，日照70%～100%。耐热不耐寒，冬季需温暖避风越冬。
- **繁育方法**：播种法、扦插法，春季为适期。
- **栽培要点**：栽培介质以壤土或沙质壤土为佳。春、夏季生长期施肥2～3次。春季修剪整枝，植株老化施以重剪或强剪。

薯蓣科落叶蔓性藤本

薯蓣类

- ●**植物分类**：薯蓣属（*Dioscorea*）。
- ●**产地**：亚洲、非洲、大洋洲热带至温带地区。
- 1.**黄独**：别名黄药子、黄山药。草质藤本，茎缠绕性；地下有肥大块茎。叶互生，阔心形，成株叶腋有零余子。夏、秋季开花，穗状或圆锥花序，小花黄白色。块茎坊间常有仿冒"何首乌"高价出售。药用可治腹泻、腰酸背痛、咯血、瘰疬、疝气、胃癌、食道癌等。
- 2.**薯莨**：别名里白叶薯榔。草质藤本，茎缠绕性，地下有块茎。叶卵状披针形，叶背灰绿色。夏、秋季开花，穗状或圆锥花序，小花乳白色。蒴果具3翅棱。药用可治血痢、水泻、关节痛。
- ●**用途**：攀缘小花架、篱墙或栅栏美化。
- ●**生长习性**：阳性植物，日照70%～100%。性喜温暖至高温，生长适宜温度18～30℃。
- ●**繁育方法**：可用块茎芽或零余子栽植，春季为适期。
- ●**栽培要点**：栽培介质以腐殖土或沙质壤土为佳。春、夏季施肥2～3次。冬季落叶后修剪整枝。

▲黄独·黄药子·黄山药（原产大洋洲、非洲、亚洲及中国） *Dioscorea bulbifera*

大戟科常绿蔓性藤本

飞蝶藤

- ●**植物分类**：飞蝶藤属（*Dalechampia*）。
- ●**产地**：美洲热带地区。园艺观赏零星栽培。
- ●**形态特征**：木质藤本，茎缠绕性，全株密被细绒毛。叶互生，长心形或长卵形，先端渐尖或短尖，细齿状缘，纸质，两面被毛。夏季开花，腋生，小花橙黄色，具叶状苞片2枚，长卵形，锯齿缘，紫色，酷似蝴蝶展翅，花姿奇特。
- ●**用途**：拱门、花架、攀缘篱墙或栅栏美化、荫棚。
- ●**生长习性**：阳性植物。性喜高温、湿润、向阳之地，生长适宜温度22～32℃，日照70%～100%。耐热不耐寒、耐旱、不耐阴。
- ●**繁育方法**：播种法、扦插法，春季为适期。
- ●**栽培要点**：栽培介质以腐殖土或沙质壤土为佳。茎蔓攀附于直立式拱门、花墙或栅栏，开花观赏效果较佳。春、夏季生长期施肥2～3次。春季修剪整枝，植株老化施以重剪或强剪。

▲薯莨·里白叶薯榔（原产中国）
Dioscorea cirrhosa

▲飞蝶藤（原产美洲热带地区）
Dalechampia dioscoraefolia

▲刀豆（原产亚洲、非洲热带地区）
Canavalia gladiata

▲滨刀豆·海刀豆（原产亚洲热带地区及中国）
Canavalia rosea

▲肥猪豆·狭刀豆（原产中国、日本）
Canavalia lineata

蝶形花科一年生或多年生蔓性草本

刀豆类

- **植物分类**：刀豆属（*Canavalia*）。
- **产地**：亚洲、非洲、南太平洋群岛热带地区。
1. **刀豆**：园艺观赏零星栽培。1年生草质藤本，茎缠绕性。三出复叶，小叶卵形。夏、秋季开花，总状花序，花冠蝶形，淡紫色或桃红色。荚果长刀形，扁圆，长30~40厘米。种子肾形，深桃红色。茎叶可当绿肥、饲料；嫩豆荚可作蔬菜；豆子可制糕饼原料、工艺品。药用可治百日咳、小儿疝气、肾虚等。
2. **滨刀豆**：别名海刀豆。多年生草质藤本，茎匍匐性或缠绕性。三出复叶，顶小叶阔卵形，先端微凹。夏、秋季开花，总状花序，花冠蝶形，紫红色，花萼2裂片上下重叠。荚果小刀形，先端短喙呈三角形，斜下生长。药用可解毒、治肝炎等。
3. **肥猪豆**：别名狭刀豆。多年生草质藤本，茎匍匐性或缠绕性。三出复叶，顶小叶倒卵形或圆形。夏季开花，总状花序，花冠蝶形，淡紫色或桃红色。荚果刀形，肥厚，先端短喙呈短刺状，斜上生长。药用可治肝炎、风湿等。（注：部分文献把滨刀豆和肥猪豆合并，视为同一植物。）
- **用途**：刀豆类均可攀缘篱墙、荫棚美化、诱蝶。滨刀豆、肥猪豆耐热、耐旱、耐盐，可作地被、海岸定沙。
- **生长习性**：阳性植物。性喜高温、湿润、向阳之地，生长适宜温度22~32℃，日照80%~100%。
- **繁育方法**：刀豆用播种法。滨刀豆、肥猪豆可用播种法或扦插法，春季为适期。
- **栽培要点**：栽培介质以沙土或沙质壤土为佳。春、夏季施肥2~3次。滨刀豆、肥猪豆春季修剪整枝，植株老化施以重剪或强剪。

▲肥猪豆荚果刀形，肥厚，先端短喙呈刺状，斜上生长

蝶形花科落叶蔓性灌木

相思子

- ●别名：鸡母真珠、鸡母珠。
- ●植物分类：相思子属（*Abrus*）。
- ●产地：亚洲、非洲、美洲热带地区。园艺观赏零星栽培。
- ●形态特征：蔓性灌木，茎攀缘性。偶数羽状复叶，小叶长椭圆形，先端有小突尖，全缘，纸质。夏、秋季开花，总状花序，腋生，小花淡紫色。荚果长方状椭圆形，种子朱红色，基部黑色。
- ●用途：攀缘篱墙或栅栏、荫棚。种子有剧毒，不可误食；种子可制装饰品，避免穿洞，以防毒蛋白外溢。药用可治疥疮、顽癣、癌症等。
- ●生长习性：阳性植物。性喜高温、湿润至干旱、向阳之地，生长适宜温度22～32℃，日照70%～100%。生性强健、耐热、耐旱。
- ●繁育方法：播种法，春季为适期。
- ●栽培要点：栽培介质以腐殖土或沙质壤土为佳。春、夏季施肥2～3次。冬季落叶后修剪整枝，植株老化施以重剪或强剪。

▲相思子·鸡母真珠·鸡母珠（原产非洲、美洲、亚洲热带地区） *Abrus precatorius*

蝶形花科多年生蔓性草本

距瓣豆类

- ●植物分类：距瓣豆属（*Centrosema*）。
- ●产地：南美洲热带地区。
- 1.距瓣豆：别名山珠豆。园艺观赏零星栽培。多年生草质藤本，茎缠绕性。三出复叶，小叶卵状长椭圆形，膜质或纸质。春季开花，总状花序，花冠蝶形，粉红色或淡紫色。荚果线形，扁平。
- 2.白花距瓣豆：别名白珠豆。多年生草质藤本，茎缠绕性。春季开花，总状花序，花冠蝶形，白色。荚果线形。
- ●用途：小花架、攀缘篱墙或栅栏、地被、盆栽、诱蝶。茎叶可当饲料、绿肥。
- ●生长习性：阳性植物。性喜高温、湿润、向阳之地，生长适宜温度20～30℃，日照70%～100%。
- ●繁育方法：播种法，春季为适期。
- ●栽培要点：栽培介质以腐殖土或沙质壤土为佳。春、夏季施肥2～3次，生长即能旺盛。春季修剪整枝，植株老化施以重剪或强剪。

▲距瓣豆·山珠豆（原产美洲热带地区） *Centrosema pubescens*

▲白花距瓣豆·白珠豆（原产美洲热带地区） *Centrosema plumieri*

▲蝶豆·蝴蝶花豆（原产热带地区）
Clitoria ternatea

▲蓝天蝶豆（栽培种）
Clitoria ternatea 'Pale Blue'

▲重瓣蝶豆（栽培种）
Clitoria ternatea 'Flore Pleno'

▲香豌豆·麝香豌豆·花豌豆（原产意大利西西里岛）*Lathyrus odoratus*

蝶形花科多年生蔓性草本

蝶豆

- **别名**：蝴蝶花豆。
- **植物分类**：蝶豆属（*Clitoria*）。
- **产地**：世界热带地区。低海拔山区至滨海常见，园艺观赏零星栽培。
- **形态特征**：多年生草质藤本，茎缠绕性。奇数羽状复叶，叶互生，小叶卵形或椭圆形，先端微凹，纸质。春季至秋季开花，花冠蝶形，蓝紫色。荚果线形，扁平。园艺栽培种有重瓣蝶豆、白花蝶豆、蓝天蝶豆。
- **用途**：小花架、攀缘篱墙或栅栏、盆栽、诱蝶。根、种子有毒，不可误食。茎叶可当饲料、绿肥。药用可治腹水、慢性支气管炎、耳疾、利尿、眼炎等。
- **生长习性**：阳性植物。性喜高温、湿润、向阳之地，生长适宜温度22～32℃，日照70%～100%。
- **繁育方法**：播种法，春季为佳。重瓣蝶豆也能结荚果，笔者栽培重瓣蝶豆近10年，每年都采收种子赠送给读者。
- **栽培要点**：栽培介质以沙质壤土为佳。春、夏季施肥2～3次。春季修剪整枝，茎蔓老化施以强剪。

蝶形花科一年生蔓性草本

香豌豆

- **别名**：麝香豌豆、花豌豆。
- **植物分类**：香豌豆属、山黧豆属（*Lathyrus*）。
- **产地**：欧洲温带至暖带地区。园艺观赏零星栽培。
- **形态特征**：小型草质藤本，外形酷似豌豆，具卷须，茎方形或多棱，攀缘性。二出复叶，小叶倒卵形或倒卵状椭圆形，波状缘，叶面曲皱。冬、春季开花，花冠蝶形，花的颜色有红、粉红、紫、蓝、白等。
- **用途**：小花架、攀缘篱墙或栅栏、盆栽。茎叶、未成熟种子有毒，不可误食。
- **生长习性**：阳性植物。性喜温暖、湿润、向阳之地，生长适宜温度12～25℃，日照70%～100%。成长迅速，耐寒不耐热，夏季高温不利生长。
- **繁育方法**：播种法，秋、冬季为适期。
- **栽培要点**：栽培介质以腐殖土或沙质壤土为佳。冬、春季生长期施肥2～3次。开花期间避免过度潮湿，否则花蕾容易脱落。

蝶形花科常绿蔓性藤本

榼藤子

- ●**别名**：鸭腱藤、眼镜豆、过江龙。
- ●**植物分类**：榼藤子属（*Entada*）。
- ●**产地**：亚洲、澳大利亚热带地区。园艺观赏零星栽培。
- ●**形态特征**：大型木质藤本，最先端小叶演化成卷须，茎攀缘性。二回羽状复叶，歪斜椭圆形至倒卵形，基歪，硬革质。夏、秋季开花，穗状花序，花冠绿白色。大型荚果扁平，有节，略弯曲，长可达1米，为豆科植物中最大型者。种子平圆，成熟紫黑色，坚硬如石。
- ●**用途**：大型花架、绿廊、攀缘篱墙、荫棚。大型种子可当刮痧板、制工艺品。药用可治创伤流血、吐血、黄疸、脱肛、痔疮等。
- ●**生长习性**：阳性植物。性喜高温、湿润、向阳之地，生长适宜温度20～30℃，日照70%～100%。
- ●**繁育方法**：播种法，春季为适期。
- ●**栽培要点**：栽培介质以沙质壤土为佳。春、夏季施肥2～3次。早春修剪整枝，植株老化施以重剪。

蝶形花科常绿蔓性藤本

疏花鱼藤

- ●**植物分类**：鱼藤属（*Derris*）。
- ●**产地**：台湾特有植物，园艺景观零星栽培。
- ●**形态特征**：大型木质藤本，茎干粗壮，攀缘性。奇数羽状复叶，小叶5～7枚，椭圆形，先端钝或锐，全缘，近革质。春、夏季开花，圆锥花序，腋生，花冠蝶形，白色；花萼深咖啡色，特征明显。荚果椭圆形，熟果暗褐色。
- ●**用途**：绿廊、攀缘篱墙、大型荫棚。蔓性强，枝条伸长可达15米以上。
- ●**生长习性**：阳性植物。性喜高温、湿润、向阳之地，生长适宜温度22～30℃，日照70%～100%。生性强健，耐热、耐旱、耐瘠。
- ●**繁育方法**：播种法，春季为适期。
- ●**栽培要点**：栽培介质以沙质壤土为佳。春、夏季生长期施肥2～3次。春季修剪整枝，植株老化施以重剪或强剪。

▲ 榼藤子·鸭腱藤·眼镜豆·过江龙（原产亚洲·澳大利亚热带地区及中国）*Entada phaseoloides*

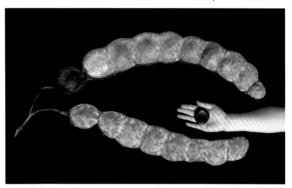

▲ 榼藤子果荚长可达1米，为豆科植物最大型者，种子平圆，成熟紫黑色，径5～6厘米，坚硬如石，可当刮痧板

▲ 疏花鱼藤（原产中国）
Derris laxiflora

▲ 厚果鸡血藤·台湾鱼藤·蓪藤（原产日本及中国）*Millettia pachycarpa*（*M. taiwaniana*）

蝶形花科常绿蔓性灌木

厚果鸡血藤

- ●**别名**：台湾鱼藤、蓪藤。
- ●**植物分类**：鸡血藤属、崖豆藤属（*Millettia*）。
- ●**产地**：亚洲东北部热带至亚热带地区。园艺观赏零星栽培。
- ●**形态特征**：大型蔓性灌木，茎攀缘性。奇数羽状复叶，小叶倒披针形或倒卵状长椭圆形，先端突尖，全缘，革质，叶背有毛，新叶红褐色。春、夏季开花，总状花序，腋生，花冠蝶形，淡紫红色。荚果球形或长椭圆形，木质，暗褐色，表面有突疣。
- ●**用途**：绿廊、攀缘篱墙、荫棚。根茎捣汁可毒鱼、制杀虫剂。药用可治皮肤病。
- ●**生长习性**：阳性植物。性喜温暖至高温、湿润、向阳之地，生长适宜温度18～30℃，日照70%～100%。
- ●**繁育方法**：播种法，春季为适期。
- ●**栽培要点**：栽培介质以腐殖土或沙质壤土为佳。春、夏季施肥2～3次。蔓性强，生长期牵引蔓茎生长方向，避免杂乱；植株老化施以重剪或强剪。

蝶形花科常绿蔓性藤本

油麻藤类

- ●**植物分类**：油麻藤属（*Mucuna*）。
- ●**产地**：亚洲热带至亚热带地区。
1. **长荚油麻藤**：别名血藤。蔓性强势，常攀爬于树木顶端，成为林木有害植物。大型木质藤本，茎攀缘性或缠绕性，老茎粗大，幼枝叶密被红褐色锈毛。三出复叶，顶小叶椭圆形，侧生叶歪卵形，近革质，叶背有毛。夏、秋季开花，总状花序，悬垂性，花冠蝶形，暗紫红色。荚果扁平，长可达40厘米，表面密被短毛。
2. **红花油麻藤**：别名艳红血藤。园艺观赏零星栽培。大型木质藤本，茎攀缘性或缠绕性。三出复叶，顶小叶卵形，侧生叶歪卵形。冬季开花，总状花序，悬垂性，花冠蝶形，橙红色，花姿明艳亮丽。
- ●**用途**：绿廊、攀缘篱墙、荫棚、边坡绿化。
- ●**生长习性**：阳性植物。性喜温暖至高温、湿润、向阳之地，生长适宜温度18～30℃，日照70%～100%。生性强健，耐热、耐旱、稍耐阴。
- ●**繁育方法、栽培要点**：可比照厚果鸡血藤。

▲ 长荚油麻藤·血藤（原产马来西亚至波利尼西亚、中国）*Mucuna macrocarpa*

蝶形花科常绿蔓性藤本

葛藤类

● **植物分类**：葛属（*Pueraria*）。

● **产地**：广泛分布于亚洲热带至温带地区。

1. **山葛**：别名台湾葛藤。蔓性强，常攀爬树木顶端阻碍阳光，成为林木有害植物。大型草质藤本，基部木质化，茎缠绕性。三出复叶，侧生叶斜阔卵形，两边不对称，顶小叶卵状披针形，长大于宽，先端渐尖，叶背密被毛。夏、秋季开花，总状圆锥花序，花冠蝶形，紫色至紫红色。荚果线状长椭圆形，扁平，密被褐毛。

2. **三裂叶葛藤**：别名热带葛藤、假菜豆。大型草质藤本，基部木质化，茎缠绕性。三出复叶，小叶斜阔卵形，3浅裂至深裂，偶有全缘。秋、冬季开花，总状花序，花冠蝶形，紫色至紫红色。荚果线形，疏被褐毛。

● **用途**：绿廊、攀缘篱墙、荫棚、地被、边坡绿化、诱蝶。茎叶可供牧草，饲养家畜。药用可治热渴、解酒、鼻出血、呕血等。

● **生长习性**：阳性植物。性喜温暖至高温、湿润、向阳之地，生长适宜温度18~30℃，日照70%~100%。生性强健粗放，成长快速，耐热、耐旱、耐瘠。

● **繁育方法、栽培要点**：可比照厚果鸡血藤。

▲山葛·台湾葛藤（原产中国、菲律宾、韩国、日本）*Pueraria montana*

▲红花油麻藤·艳红血藤（原产巴布亚新几内亚）*Mucuna bennettii*

▲三裂叶葛藤·热带葛藤·假菜豆（原产亚洲热带地区）*Pueraria phaseoloides*

紫藤类

● **植物分类**：紫藤属（*Wisteria*）。

● **产地**：亚洲东北部温带至暖带地区。

1. **紫藤**：园艺观赏零星栽培。大型木质藤本，茎缠绕性，多向左旋。奇数羽状复叶，小叶4～7对，卵形或卵状披针形，先端尖，纸质，幼叶两面被柔毛。总状花序，花冠蝶形，蓝紫色转淡紫色，小花密簇成穗，悬垂性，长可达30厘米，具香气。荚果倒披针形，具喙，果表密被绒毛。

2. **山紫藤**：园艺观赏零星栽培。大型木质藤本，茎缠绕性。奇数羽状复叶，小叶4～6对，卵形或卵状长椭圆形，先端尖，纸质，幼叶两面被柔毛。总状花序，长10～20厘米，花冠蝶形，蓝紫色转淡紫色。荚果密被绒毛。

3. **多花紫藤**：别名日本紫藤。园艺观赏普遍栽培。大型木质藤本，茎缠绕性，多向右旋。奇数羽状复叶，小叶7～10对，卵形或卵状长椭圆形，先端尖，纸质，幼叶两面被柔毛。总状花序，花冠蝶形，紫色转紫蓝色，小花密簇成穗，悬垂性，长30～90厘米。荚果长倒披针形，长12～19厘米，果表密被绒毛。园艺栽培种极多，如白玉藤、黑龙藤、长穗紫藤、白九尺藤、蓝玉藤、艳紫藤、麝香藤、新红藤、侏儒藤等。

● **花期**：春季、初夏开花。

● **用途**：花架、花廊、攀缘篱墙、荫棚、盆栽。茎皮

▲ 紫藤（原产中国）
Wisteria sinensis

▲ 紫藤荚果倒披针形，长10～15厘米，具喙，果表密被绒毛

▲ 多花紫藤‘黑龙藤’（栽培种）
Wisteria floribunda 'Violaceo Plena'

富光泽，可作纺织纤维原料。药用可治胃癌、直肠癌、口腔炎、痛风、关节炎等。

- **生长习性**：阳性植物。性喜温暖耐高温、湿润、向阳之地，生长适宜温度18～28℃，日照70%～100%。台湾中、北部平地或中海拔高冷地生长良好。
- **繁育方法**：扦插法或压条法，春季未萌芽为适期。
- **栽培要点**：栽培介质以腐殖土或沙质壤土为佳。春季至秋季施肥3～4次，有机肥料肥效良好。花后修剪整枝，把过分伸长的细枝剪短，翌春能自此处萌发新枝而开花。

▲ 山紫藤（原产日本）
Wisteria brachybotrys

▲ 多花紫藤'长穗紫藤'（栽培种）
Wisteria floribunda 'Macrobotya'

▲ 多花紫藤'白玉藤'（栽培种）
Wisteria floribunda 'Alba'

▲ 多花紫藤'蓝玉藤'（栽培种）
Wisteria floribunda 'Dark Blue'

▲ 绿玉藤（原产菲律宾）　　　（陈运造 摄影）
Strongylodon macrobotrys

蝶形花科常绿蔓性藤本

绿玉藤

- ●**植物分类**：绿玉藤属（*Strongylodon*）。
- ●**产地**：菲律宾热带地区。园艺观赏零星栽培。
- ●**形态特征**：大型木质藤本，老茎干粗大，茎攀缘性。三出复叶，小叶长椭圆形或卵形，先端渐尖或突尖，全缘，纸质。夏、秋季开花，密集总状花序，成串长可达1米以上，下垂性，花冠鸟嘴状，具金属般之青蓝色或淡蓝绿色，花形、花色独特稀有，观赏价值极高。
- ●**用途**：绿廊、花架、大型荫棚。
- ●**生长习性**：阳性植物。性喜高温、湿润、向阳至略荫蔽之地，生长适宜温度23～32℃，日照60%～100%。耐热不耐寒，冬季需温暖避风越冬。
- ●**繁育方法**：播种法、扦插法，春季为适期。
- ●**栽培要点**：栽培介质以沙质壤土为佳。春、夏季生长期施肥2～3次。春季修剪整枝，植株老化施以重剪或强剪。

▲ 金叶藤（原产马来半岛、泰国）
Petraeovitex wolfei

唇形科常绿蔓性藤本

金叶藤

- ●**植物分类**：金叶藤属（*Petraeovitex*）。
- ●**产地**：亚洲热带地区。园艺观赏零星栽培。
- ●**形态特征**：木质藤本，茎方形，攀缘性，也能垂悬生长。三出复叶，对生，小叶椭圆形至长卵形，先端短尖或渐尖，全缘，薄革质。夏季开花，苞叶多数，金黄色，簇生成穗状，悬垂性；花冠筒状，上部3裂，2唇状，白色；盛花期串串花穗垂吊棚下，花姿奇致逸雅，风格独具。
- ●**用途**：花架、花廊、攀缘篱墙或栅栏美化、荫棚。
- ●**生长习性**：阳性植物。性喜高温、湿润、向阳之地，生长适宜温度22～32℃，日照70%～100%。耐热不耐寒，冬季需温暖避风越冬。
- ●**繁育方法**：扦插法，春季为适期。
- ●**栽培要点**：栽培介质以腐殖土或沙质壤土为佳。春、夏季施肥2～3次，并施用有机肥料。花后或早春修剪整枝，植株老化春季施以重剪。

木通科常绿蔓性藤本

长序木通

- **别名**：台湾木通。
- **植物分类**：木通属（*Akebia*）。
- **产地**：台湾特有植物，园艺观赏、药用零星栽培。
- **形态特征**：小型木质藤本，茎攀缘性。掌状复叶，具长柄，小叶线状长椭圆形或倒卵长椭圆形，先端微凹，全缘，近革质。春、夏季开花，总状花序，腋生，雄花多数20～30朵，雌花少数，暗紫褐色。浆果长椭圆形，熟果暗紫褐色。
- **用途**：小花架、栅栏或篱墙美化、盆栽。果实可食用。药用可治疮毒、久年风湿。
- **生长习性**：阳性植物。性喜温暖至高温、湿润、向阳之地，生长适宜温度18～28℃，日照70%～100%。
- **繁育方法**：播种法或扦插法，春季为适期。
- **栽培要点**：栽培介质以腐殖土或沙质壤土为佳。春、夏季施肥2～3次。局部地区有落叶现象，落叶后或春季修剪整枝，植株老化施以重剪或强剪。

▲长序木通·台湾木通（原产中国）
Akebia longeracemosa

百合科落叶蔓性草本

嘉兰

- **别名**：火焰百合、炬花藤。
- **植物分类**：嘉兰属（*Gloriosa*）。
- **产地**：亚洲、非洲热带地区。园艺观赏、花材零星栽培。
- **形态特征**：小型草质藤本，茎攀缘性，地下有骨头状块根。叶对生，卵状披针形，先端演化呈卷须状。夏、秋季开花，花冠掌裂反卷，花瓣上部红色，下部和边缘波状弯曲，金黄色，花姿奇致美艳。
- **用途**：小花架、栅栏或篱墙美化、花材、盆栽。全株有毒，人畜不可误食。
- **生长习性**：阳性植物。性喜高温、干旱、向阳之地，生长适宜温度25～32℃，日照70%～100%。耐热不耐寒、极耐旱、不耐阴湿。
- **繁育方法**：播种法或块根种植，春、夏季为适期。
- **栽培要点**：栽培介质以沙质壤土为佳。春、夏季施肥2～3次，成株磷、钾肥偏多，有利块根肥大开花美艳。冬季休眠茎叶萎凋，地下块根避免长期潮湿。

▲嘉兰·火焰百合·炬花藤（原产亚洲、非洲热带地区）*Gloriosa superba*

▲金钩吻·常绿钩吻藤（原产北美洲、墨西哥）
Gelsemium sempervirens

▲风车藤·猿尾藤·虎尾藤·飞鸢果（原产中国南部、印度、马来西亚）*Hiptage benghalensis*

▲风车藤翅果有3翼，风车形，脱落时旋转落下，因此称"风车藤"

马钱科常绿蔓性藤本

金钩吻

- **别名**：常绿钩吻藤。
- **植物分类**：断肠草属（*Gelsemium*）。
- **产地**：中美洲、北美洲热带至亚热带地区。
- **形态特征**：园艺观赏零星栽培。小型木质藤本，茎细圆坚硬如铁线，缠绕性，暗红褐色，全株光滑无毛。叶对生，卵状披针形，先端渐尖，全缘，薄革质，叶背淡绿色。冬季、早春开花，花冠漏斗形，上部5裂，金黄色，花期长，花姿鲜明亮丽。
- **用途**：小花架、栅栏或篱墙美化、盆栽。蔓性范围不大，不适合荫棚栽培。
- **生长习性**：阳性植物。性喜温暖至高温、湿润、向阳之地，生长适宜温度18～28℃，日照70%～100%。生性强健，耐寒也耐热、耐旱。
- **繁育方法**：扦插法或压条法，春季为适期。
- **栽培要点**：栽培介质以腐殖土或沙质壤土为佳。春、夏季施肥2～3次，秋季施用磷肥促进开花。花后修剪整枝，植株老化施以重剪或强剪。

金虎尾科常绿蔓性藤本或灌木

风车藤

- **别名**：虎尾藤、猿尾藤、飞鸢果。
- **植物分类**：风车藤属（*Hiptage*）。
- **产地**：亚洲热带地区。园艺观赏零星栽培。
- **形态特征**：大型木质藤本或蔓性灌木，茎攀缘性。叶对生，卵状长椭圆形，先端渐尖，革质，叶背有腺点。夏季开花，总状花序，花冠黄白色略带粉红色，具香气。翅果有3翼，风车形，脱落时旋转落下，故名"风车藤"。
- **用途**：大型花架、绿廊、攀缘篱墙、荫棚。药用可治慢性风湿、遗精、疥癣等。
- **生长习性**：中性植物，偏阳性。性喜温暖至高温、干燥、向阳至荫蔽之地，生长适宜温度20～30℃，日照60%～100%。生性强健粗放，耐寒也耐热、耐旱。
- **繁育方法**：播种法、扦插法，春季为适期。
- **栽培要点**：栽培介质以沙砾土或沙质壤土为佳。春、夏季施肥2～3次。春季或果后修剪整枝，植株老化施以重剪或强剪。

金虎尾科常绿蔓性藤本

胡姬蔓

- **别名**：金兰藤。
- **植物分类**：胡姬蔓属（*Stigmaphyllon*）。
- **产地**：南美洲热带地区。园艺观赏零星栽培。
- **形态特征**：小型木质藤本，茎细圆，缠绕性。叶对生，长卵形或卵状椭圆形，先端突尖，全缘，近革质。夏、秋季开花，总状花序，顶生于叶腋，花冠风车形，5瓣，金黄色，皱缩状。花谢花开，花期长，花姿清新明媚。
- **用途**：小花架、攀缘篱墙或栅栏、盆栽。蔓藤范围不大，不适合荫棚美化。
- **生长习性**：阳性植物。性喜高温、湿润、向阳之地，生长适宜温度22～30℃，日照70%～100%。耐热不耐寒，冬季需温暖避风越冬。
- **繁育方法**：扦插法，春、夏季为适期。
- **栽培要点**：栽培介质以腐殖土或沙质壤土为佳。春、夏季施肥2～3次。早春修剪整枝，植株老化施以重剪或强剪。

▲ 胡姬蔓·金兰藤（原产南美洲）
Stigmaphyllon littorale

金虎尾科常绿蔓性藤本

星果藤

- **别名**：三星果藤。
- **植物分类**：星果藤属（*Tristellateia*）。
- **产地**：亚洲、澳大利亚、太平洋诸岛等热带地区。园艺景观零星栽培。
- **形态特征**：木质藤本，全株光滑，茎细圆暗红色，缠绕性。叶对生，长卵形或卵状椭圆形，基部有2枚腺体，全缘，近革质。春季至秋季均能开花，总状花序，花冠星形，5瓣，黄色。翅果星形或风车形。
- **用途**：花架、绿廊、攀缘篱墙、窗台或栅栏、荫棚、盆栽。
- **生长习性**：阳性植物。性喜高温、湿润至略干旱、向阳之地，生长适宜温度23～32℃，日照70%～100%。生性强健，耐热、耐旱、耐瘠、耐盐、耐风。
- **繁育方法**：扦插法或压条法，春、夏季为适期。
- **栽培要点**：栽培介质以沙土或沙质壤土为佳。春季至秋季施肥3～4次，磷、钾肥偏多能促进开花。春季修剪整枝，植株老化施以重剪或强剪。

▲ 星果藤·三星果藤（原产亚洲、澳大利亚热带地区、中国）*Tristellateia australasiae*

▲ 星果藤翅果星形或风车形，黄褐色

▲ 蔓风铃·巴西苘麻（原产南美洲）
Abutilon megapotamicum

锦葵科常绿蔓性灌木

蔓风铃

- ●**别名**：巴西苘麻。
- ●**植物分类**：苘麻属（*Abutilon*）。
- ●**产地**：南美洲热带地区。园艺观赏普遍栽培。
- ●**形态特征**：株高可达3米，茎伸长后呈攀缘性或悬垂性。叶互生，长心形或卵状心形，3～5浅裂，粗锯齿缘，纸质。全年开花，春、夏季盛开，花冠钟形或铃形，花萼红色，花瓣金黄色。花朵悬垂性，酷似风铃或小灯笼，迎风摇曳，玲珑可爱，花期长达6个月以上，观赏价值高。
- ●**用途**：拱门、花架、攀缘窗台或栅栏、吊盆栽培。
- ●**生长习性**：中性植物，偏阳性。性喜温暖至高温、湿润、向阳至略荫蔽之地，生长适宜温度18～28℃，日照60%～100%。
- ●**繁育方法**：扦插法或高压法，春季为适期。
- ●**栽培要点**：栽培介质以腐殖土或沙质壤土为佳。春季至秋季施肥3～4次。春季修剪整枝，促使多分侧枝，能多开花。植株老化施以重剪或强剪。

▲ 波叶青牛胆·瘤茎藤·绿包藤（原产中国、印度至东南亚、马来西亚）*Tinospora crispa*

防己科半落叶蔓性藤本

波叶青牛胆

- ●**别名**：瘤茎藤、绿包藤。
- ●**植物分类**：青牛胆属（*Tinospora*）。
- ●**产地**：亚洲热带地区。园艺观赏、药用零星栽培。
- ●**形态特征**：木质藤本，茎缠绕性，幼茎黄绿色，老化转绿褐色至暗褐色，茎节具瘤刺状突起。叶互生，具长柄，阔心形，先端突尖，全缘，厚膜质。春、夏季开花，总状花序，花瓣肉质，小花单生或簇生。
- ●**用途**：绿廊、攀缘栅栏或篱墙、荫棚。药用可清热、解毒。
- ●**生长习性**：阳性植物。性喜高温、湿润、向阳之地，生长适宜温度22～32℃，日照70%～100%。生性强健、耐热、耐旱、稍耐阴。
- ●**繁育方法**：扦插法，春季为适期。
- ●**栽培要点**：栽培介质以腐殖土或沙质壤土为佳。春、夏季施肥2～3次。冬季低温呈半休眠状态，早春修剪整枝，植株老化施以重剪或强剪。

防己科常绿蔓性藤本

千金藤类

●**植物分类**：千金藤属（*Stephania*）

●**产地**：亚洲热带至温带地区。园艺观赏、药用零星栽培。

1.**千金藤**：木质藤本，茎缠绕性，地下有条状块根。叶互生，阔卵形或盾状三角形，先端钝圆，叶背粉白色，纸质。春、夏季开花，雌雄异株，复伞形花序，花瓣肉质，小花淡绿色。核果球形，熟果红色。

2.**兰屿千金藤**：木质藤本，茎缠绕性。叶互生，近圆形，先端突尖，近革质。春、夏季开花，雌雄异株，复伞形花序，小花白绿色。核果扁倒卵形，熟果红色。

●**用途**：绿廊、攀缘栅栏或篱墙、盆栽。千金藤药用可治风湿关节痛、咽喉肿痛、肿毒、淋浊等。

●**生长习性**：中性植物，偏阴性。性喜高温、湿润、荫蔽之地，生长适宜温度20～30℃，日照50%～70%。

●**繁育方法**：播种法或扦插法，春季为适期。

●**栽培要点**：栽培介质以腐殖土或沙质壤土为佳。果后或春季修剪整枝，植株老化施以重剪。

▲千金藤（原产中国、印度、日本及东南亚）
Stephania japonica

▲兰屿千金藤（原产中国、菲律宾）
Stephania merrillii

含羞草科半落叶蔓性藤本

藤相思树

●**植物分类**：金合欢属、相思树属（*Acacia*）。

●**产地**：亚洲热带地区。园艺观赏、药用零星栽培。

●**形态特征**：大型木质藤本，攀缘性，枝呈扭状弯曲，枝、叶柄有逆向短钩刺和棱角。二回羽状复叶，小叶线形或长方形，两端钝，纸质。夏季开花，多数头状花序组成圆锥花序，顶生或腋生，花冠球形，灰白色或淡灰黄色。荚果扁平，具横向凹沟。

●**用途**：大型绿廊、攀缘篱墙、荫棚。药用可治骨刺、坐骨神经痛、风湿关节炎、月经不调等。

●**生长习性**：阳性植物。性喜高温、湿润、向阳之地，生长适宜温度22～32℃，日照70%～100%。耐热、耐旱、耐瘠、不耐阴。

●**繁育方法**：播种法或扦插法，春季为适期。

●**栽培要点**：栽培介质以壤土或沙质壤土为佳。春、夏季施肥2～3次。花后或早春修剪整枝，植株老化施以重剪。

▲藤相思树（原产印度、马来西亚、中国）
Acacia merrillii（Acacia intsia）

▲ 薜荔·木壁莲·凉粉藤（原产中国、日本）
Ficus pumila

▲ 薜荔·木壁莲·凉粉藤（原产中国、日本）
Ficus pumila

桑科常绿蔓性藤本或灌木

薜荔

- **别名**：木壁莲、凉粉藤。
- **植物分类**：榕属（*Ficus*）。
- **产地**：亚洲热带至温带地区。园艺景观普遍栽培。
- **形态特征**：木质藤本，茎具气根，能吸附岩石或墙壁生长，成株渐成灌木，具白色乳液。叶互生，卵形或椭圆形。隐花果倒卵状锥形，表面散生白点。园艺栽培种有雪荔、雪中荔、小叶薜荔等。变种有爱玉子，分布中海拔山区，雌雄异株，果实椭圆状长卵形，瘦果含果胶，可食用，为着名之夏季饮料。
- **用途**：攀附树干、水泥砖墙、岩石、盆栽美化。药用可治风湿痛、乳汁不通、淋浊、疝气、痔漏等。
- **生长习性**：中性植物，偏阳性。性喜高温、湿润、向阳之地，生长适宜温度20～32℃，日照70%～100%。
- **繁育方法**：扦插法或压条法，春、夏季为适期。
- **栽培要点**：栽培介质以沙质壤土为佳。种植苗株要靠近墙壁或岩石，使蔓藤吸附生长。春季修剪整枝，把未吸附壁上之藤蔓剪短，避免拉扯掉落。

▲ 雪荔（栽培种）
Ficus pumila 'Sonny'

▲ 小叶薜荔（栽培种）
Ficus pumila 'Minima'

▲ 雪中荔（栽培种）
Ficus pumila 'Picturatum'

▲ 爱玉子（原产中国）
Ficus pumila var. *awkeotsang*

桑科常绿蔓性藤本

越橘叶蔓榕

- **别名**：蔓榕、瓜子蔓榕。
- **植物分类**：榕属（*Ficus*）。
- **产地**：台湾特有植物，原生于中、低海拔山区、林缘至滨海，园艺景观普遍栽培。
- **形态特征**：木质藤本，茎具气根，能吸附树干、岩石生长，具白色乳液。叶互生，倒卵形或倒卵状椭圆形，先端钝，全缘，厚纸质，叶面散生小白点。雌雄异株，隐花果卵形或球形，表面有毛，熟果暗红色。
- **用途**：攀附树干、岩壁或地被。
- **生长习性**：中性植物，略偏阴性。性喜高温、湿润、向阳至荫蔽之地，生长适宜温度18～32℃，日照50%～100%。生性强健，耐热、耐旱也耐湿、耐阴。
- **繁育方法**：扦插法或压条法，春、夏季为适期。
- **栽培要点**：栽培介质以腐殖土或沙质壤土为佳。种植苗株要靠近树干或岩石，使蔓藤吸附生长。春季至秋季施肥2～3次。地被美化随时注意修剪整枝，避免蔓藤层层重叠。

▲越橘叶蔓榕·蔓榕·瓜子蔓榕（原产中国）
Ficus vaccinioides

▲越橘叶蔓榕·蔓榕·瓜子蔓榕（原产中国）
Ficus vaccinioides

桑科常绿蔓性藤本或灌木

牛筋藤

- **别名**：盘龙藤、马来藤。
- **植物分类**：牛筋藤属（*Trophis*）。
- **产地**：亚洲、大洋洲等热带地区。园艺观赏零星栽培。
- **形态特征**：木质藤本，茎攀缘性，具白色乳液。叶互生，长椭圆形或倒卵状长椭圆形，先端锐或渐尖，全缘，革质。夏、秋季开花，雌雄异株，雄花穗状花序，雌花头状。瘦果椭圆形，下部有肉质果托包被，熟果红色。
- **用途**：绿廊或攀缘篱墙美化。药用可治腹泻、风湿痹痛等。
- **生长习性**：中性植物。性喜高温、湿润、向阳之地，生长适宜温度20～30℃，日照60%～100%。生性强健，耐热、耐旱、耐阴。
- **繁育方法**：扦插法或高压法，春、夏季为适期。
- **栽培要点**：栽培介质以壤土或沙质壤土为佳。春、夏季施肥2～3次。春季修剪整枝，植株老化施以重剪或强剪。

▲牛筋藤·盘龙藤·马来藤（原产亚洲、大洋洲）
Trophis scandens (*Malaisia scandens*)

景观植物大图鉴③

71

▲ 九重葛·毛宝巾·叶子花（原产巴西）
Bougainvillea spectabilis

▲ 光叶九重葛·宝巾·光叶子花（原产巴西）
Bougainvillea glabra

▲ 斑叶九重葛（栽培种）
Bougainvillea glabra 'Variegata'

九重葛类·宝巾类

- **植物分类**：九重葛属（叶子花属）（*Bougainvillea*）。
- **产地**：广泛分布于亚洲、美洲热带至亚热带地区。园艺景观普遍栽培。

1. **九重葛**：别名毛宝巾、叶子花。大型蔓性灌木，枝攀缘性，枝、叶密被细毛，刺腋生。叶互生，卵形或椭圆形，先端渐尖，全缘，叶背有毛。叶状苞片心状卵形，紫红色；花冠细管状，花被管密被毛；花被圆形，先端撕裂状，黄色，常3朵小花簇生于苞片内。杂交种、园艺栽培种甚多，由于变异性大，特征不明显，不易鉴别品系。

2. **光叶九重葛**：别名宝巾、光叶子花。大型蔓性灌木，枝攀缘性，叶光滑无毛，刺腋生。叶互生，卵形或卵状披针形，先端渐尖，全缘，叶面光滑。叶状苞片心状卵形，紫红色；花冠细管状，花被管疏被毛；花被圆形，先端撕裂状，黄色，常3朵小花簇生于苞片内。园艺栽培种极多，变异性颇大，特征不明显，不易鉴别。

3. **杂交九重葛**：大型蔓性灌木，枝攀缘性，小枝密被细毛，刺腋生。叶互生，阔卵形，先端锐尖或渐尖，全缘，叶背有毛。叶状苞片心状阔卵形，皱缩状，红色至橙红色；花冠长筒状，花被筒有棱，被毛；花被圆形，先端撕裂状，黄色，常3朵小花簇生于苞片内。园艺栽培种极多，变异性很大，又杂交，亲本特征不明显，不易鉴别品系。

- **花期**：全年均能开花，但多数集中于秋末至春季。
- **用途**：花廊、花墙、花架、攀缘篱墙、荫棚、修剪造型、盆栽等。药用可治月经不调、肝炎等。
- **生长习性**：阳性植物。性喜高温、湿润、向阳之地，生长适宜温度22～32℃，日照80%～100%。生性强健，成长快速，耐热、耐旱，栽培地忌长期潮湿。
- **繁育方法**：单瓣品种可用扦插法或高压法育苗；双色及重瓣品种用高压法或嫁接法。春、夏季为适期。
- **栽培要点**：栽培介质以壤土或沙质壤土为佳。通常盆栽比露地栽培较容易开花。盆栽多年，枝叶细小而不开花者，春季需换盆换土，并施用三要素肥料；露地栽培枝叶茂盛而不开花者，应剪除徒长枝，停止施用氮肥，补给磷、钾肥，并减少灌水，土壤保持半干旱状态20～30天，能促进开花。开花期间避免淋雨或土壤减少灌水，保持半干旱状态，苞片才能持久不脱落。

▲雪宝巾（栽培种）
Bougainvillea 'Jamaica White'

▲斑叶雪宝巾（栽培种）
Bougainvillea 'Jamaica Variegata'

▲黄斑雪宝巾（栽培种）
Bougainvillea 'Jamaica Aurea'

▲花叶雪宝巾（栽培种）
Bougainvillea 'Jamaica Mottlded'

▲金盏宝巾（栽培种）
Bougainvillea 'Chrysophyllum'

▲粉紫宝巾（栽培种）
Bougainvillea 'Mrs Eva'

▲粉妆宝巾（栽培种）
Bougainvillea 'Eva Variegata'

▲粉漾宝巾（栽培种）
Bougainvillea 'Eva Aureo-maculatum'

▲双色宝巾（栽培种）
Bougainvillea 'Mary Palmer'

▲洋红宝巾（栽培种）
Bougainvillea 'Mary Rubra'

▲夏雪宝巾（栽培种）
Bougainvillea 'Mary Alba'

▲金边洋红宝巾（栽培种）
Bougainvillea 'Glowing Flame'

▲银斑洋红宝巾（栽培种）
Bougainvillea 'Silver Grey Flame'

▲乳斑洋红宝巾（栽培种）
Bougainvillea 'Orange Picot'

▲砖红宝巾（栽培种）
Bougainvillea 'Lateritia'

▲斑叶砖红宝巾（栽培种）
Bougainvillea 'Lateritia Auratus'

▲金心砖红宝巾（栽培种）
Bougainvillea 'Lateritia Gold-heart'

▲宫粉宝巾（栽培种）
Bougainvillea 'Apple Blossom'

▲金边宫粉宝巾（栽培种）
Bougainvillea 'Apple Blossom
Variegata'

▲银斑宫粉宝巾（栽培种）
Bougainvillea 'Apple Blossom
Silvery'

▲新白宝巾（栽培种）
Bougainvillea 'Singapore White'

▲新粉宝巾（栽培种）
Bougainvillea 'Singapore Pink'

▲金新粉宝巾（栽培种）
Bougainvillea 'Singapore Pink Auratus'

▲金叶宝巾（栽培种）
Bougainvillea 'Golden Lady'

▲ 金心宝巾（栽培种）
Bougainvillea 'Harlequin'

▲ 金心洋红宝巾（栽培种）
Bougainvillea 'Harlequin Rubra'

▲ 金心粉白宝巾（栽培种）
Bougainvillea 'Harlequin Album'

▲ 妍红宝巾（栽培种）
Bougainvillea 'Klong Fire'

▲ 斑叶妍红宝巾（栽培种）
Bougainvillea 'Klong FireVariegated'

（黄贻香 摄影）

▲ 珊红宝巾（栽培种）
Bougainvillea 'San Diego Red'

▲ 怡红宝巾（栽培种）
Bougainvillea 'Carmencita'

▲ 西施宝巾（栽培种）
Bougainvillea 'Tahitina Maid'

▲ 双娇宝巾（栽培种）
Bougainvillea 'Twofold Lovely'

▲ 黄锦宝巾（栽培种）
Bougainvillea 'Doubloom'

▲ 双喜宝巾（栽培种）
Bougainvillea 'Doubloom Happy'

▲ 红宝巾（栽培种）
Bougainvillea 'Mrs Butt'

▲ 斑叶红宝巾（栽培种）
Bougainvillea 'Mrs Butt Variegata'

▲ 艳红宝巾（栽培种）
Bougainvillea 'Scarlet O'Hara'

▲ 金边艳红宝巾（栽培种）
Bougainvillea 'Scarlet Golden'

▲ 银斑艳红宝巾（栽培种）
Bougainvillea 'Scarlet Queen'

▲白斑宝巾（栽培种）
Bougainvillea 'Hati Cadis'

▲桃红宝巾（栽培种）
Bougainvillea 'Pink Sakura'

▲金边桃红宝巾（栽培种）
Bougainvillea 'Pink Sakura Variegata'

▲醉红宝巾（栽培种）
Bougainvillea 'Drunk Red'

▲金宝巾（栽培种）
Bougainvillea 'Golden Glow'

▲斑叶金宝巾（栽培种）
Bougainvillea 'Golden Glow Variegata'

▲黄斑金宝巾（栽培种）
Bougainvillea 'Golden Glow Green'

▲橙宝巾（栽培种）
Bougainvillea 'Mrs Mc Lean'

▲斑叶橙宝巾（栽培种）
Bougainvillea 'Orange Stripe'

▲镶边橙宝巾（栽培种）
Bougainvillea 'Orange Marginata'

▲斑叶橙蝶宝巾（栽培种）
Bougainvillea 'Orange Butterfly'

▲红蝶宝巾（栽培种）
Bougainvillea 'Red Butterfly'

▲斑叶红蝶宝巾（栽培种）
Bougainvillea 'Red Butterfly Variegata'

▲粉蝶宝巾（栽培种）
Bougainvillea 'Pink Butterfly'

▲金黄宝巾（栽培种）
Bougainvillea 'Golden Summers Red'

▲厚叶宝巾（栽培种）
Bougainvillea 'Pachyphllus'

▲ 花宝巾（栽培种）
Bougainvillea 'Ice Kriui'

▲ 映红宝巾（栽培种）
Bougainvillea 'Alskrim Pink'

▲ 红脉宝巾（栽培种）
Bougainvillea 'Alskrim Red Venarum'

▲ 镶宝巾（栽培种）
Bougainvillea 'Puteri Masur'

▲ 蓝宝巾（栽培种）
Bougainvillea 'Cypheri'

▲ 矮宝巾（栽培种）
Bougainvillea 'Helen Johnson'

▲ 金斑矮宝巾（栽培种）
Bougainvillea 'Helen Johnson Variegata'

▲ 曙光宝巾（栽培种）
Bougainvillea 'Malaysian Indait'

▲塔宝巾（栽培种）*Bougainvillea* 'Kuala Lumpur Beauty'

▲粉红天使宝巾（栽培种）（黄贻香摄影）*Bougainvillea* 'Pink Angel'

▲兰紫宝巾（栽培种）*Bougainvillea* 'Formosa'

▲丽叶宝巾（栽培种）*Bougainvillea* 'Tricolor'

▲白宝巾（栽培种）*Bougainvillea* 'Snow White'

▲堇宝巾（栽培种）*Bougainvillea* 'Magnifica'

▲月光堇宝巾（栽培种）*Bougainvillea* 'Magnifica Moon'

▲变色宝巾（栽培种）*Bougainvillea* 'Mrs Mcclean Variegated'

▲ 翡翠宝巾（栽培种）
Bougainvillea 'Sweet Dreams'

▲ 纹叶宝巾（栽培种）　　　　（黄贻香 摄影）
Bougainvillea 'Orange Marble'

▲ 雪花艳宝巾（栽培种）　　（黄贻香 摄影）
Bougainvillea 'Snowflake'

▲ 美露宝巾（栽培种）
Bougainvillea 'Milo'

木犀科常绿蔓性灌木

天星茉莉

- **植物分类**：素馨属（*Jasminum*）。
- **产地**：亚洲东南部热带地区。园艺观赏零星栽培。
- **形态特征**：蔓性灌木，枝攀缘性。叶对生，卵形，先端突尖，全缘，厚纸质，微卷曲。伞房状圆锥花序，顶生或腋出，多花性，花冠长筒状，裂片6～8枚，白色，清香四溢，花期长。
- **花期**：夏、秋季开花。
- **用途**：庭园美化、低篱、盆栽。
- **生长习性**：阳性植物。性喜高温、湿润、向阳之地，生长适宜温度22～30℃，日照70%～100%。耐热不耐寒，冬季需温暖避风越冬。
- **繁育方法**：扦插法、高压法，春、夏季为适期。
- **栽培要点**：栽培介质以壤土或沙质壤土为佳，土壤保持湿润。春、夏生长期施肥2～3次。花期过后或春季修剪整枝，老化的植株施以重剪或强剪，促其萌发新枝。

▲ 天星茉莉（原产东南亚）
Jasminum 'Euodia'

木犀科常绿蔓性灌木

山素英

- ●**别名**：山秀英。
- ●**植物分类**：素馨属（*Jasminum*）。
- ●**产地**：亚洲热带至亚热带地区。园艺景观零星栽培。
- ●**形态特征**：小型蔓性灌木，茎细圆质硬，攀缘性。叶对生，卵形或卵状披针形，先端渐尖，近革质。聚伞花序，花冠长筒状，裂片8～11枚，白色，具香气。浆果球形，熟果黑色。园艺栽培种有斑叶山素英，叶片较宽大，叶缘具乳黄色斑纹，花叶俱美。
- ●**花期**：春、夏季开花。
- ●**用途**：庭园美化、花架、绿篱或栅栏美化、盆栽。花可提炼香精、制香料。药用可通经、补肾等。
- ●**生长习性**：中性植物，偏阳性。性喜温暖至高温、湿润、向阳至略荫蔽之地，生长适宜温度18～30℃，日照60%～100%。生性强健，耐热、耐旱、耐阴。
- ●**繁育方法**：播种法、扦插法，春、秋季为适期。
- ●**栽培要点**：栽培介质以腐殖土或沙质壤土为佳。春、夏季施肥2～3次。植株老化施以重剪或强剪。

木犀科常绿蔓性灌木

桂叶素馨

- ●**别名**：岭南茉莉。
- ●**植物分类**：素馨属（*Jasminum*）。
- ●**产地**：亚洲热带地区。园艺观赏零星栽培。
- ●**形态特征**：蔓性灌木，枝缠绕性，全株光滑无毛。叶对生，长卵形或披针形，先端渐尖或尾尖，革质。春、夏季开花，聚伞花序，花冠长筒状，冠筒暗紫红色，裂片10～12枚，白色，具香气。开花凋谢后，花萼宿存，花萼暗紫红色，6裂片线形。浆果卵状长椭圆形，熟果黑色。
- ●**用途**：庭园美化、花架、花廊、蔓篱、盆栽。
- ●**生长习性**：阳性植物。性喜高温、湿润、向阳之地，生长适宜温度22～30℃，日照70%～100%。
- ●**繁育方法**：扦插法、分株法，春、夏季为适期。
- ●**栽培要点**：栽培介质以壤土或沙质壤土为佳。春、夏季施肥2～3次。春季修剪整枝，老化的植株施以重剪或强剪。

▲ 山素英·山秀英（原产中国南部、中南半岛、印度）
Jasminum hemsleyi

▲ 斑叶山素英（栽培种）
Jasminum hemsleyi 'Variegata'

▲ 桂叶素馨·岭南茉莉（原产亚洲、南太平洋群岛）
Jasminum laurifolium (*Jasminum nitidum*)

▲ 多花素馨（原产中国）
Jasminum polyanthum

▲ 云南黄素馨・南迎春（原产中国）
Jasminum mesnyi

▲ 云南黄素馨・南迎春（原产中国）
Jasminum mesnyi

木犀科常绿蔓性藤本

多花素馨

- ●**植物分类**：素馨属（*Jasminum*）。
- ●**产地**：中国贵州、云南亚热带至温带地区。园艺观赏零星栽培。
- ●**形态特征**：木质藤本，茎光滑无毛，缠绕性。奇数羽状复叶，小叶卵形或卵状披针形，顶生小叶较大，先端锐尖，纸质或薄革质。春、夏季开花，总状或圆锥花序，顶生或腋出，花冠长筒形，裂片4～6枚，白色，清雅芳香。浆果近球形，熟果黑色。
- ●**用途**：庭园美化、花架、栅栏或窗台美化、盆栽。花可萃取芳香精油，供制香水。
- ●**生长习性**：中性植物，偏阳性。性喜温暖、湿润、向阳至略荫蔽之地，生长适宜温度15～25℃，日照60%～100%。耐寒不耐热，中海拔高冷地生长良好，平地夏季高温生长迟缓或不良。
- ●**繁育方法**：扦插法、分株法或压条法，春、秋季为适期。
- ●**栽培要点**：栽培介质以腐殖土或沙质壤土为佳。冬、春季施肥2～3次。花期过后或秋末修剪整枝，植株老化施以重剪或强剪，促其萌发新枝叶。

木犀科常绿蔓性灌木

云南黄素馨

- ●**别名**：南迎春。
- ●**植物分类**：素馨属（*Jasminum*）。
- ●**产地**：中国贵州、云南亚热带至暖带地区。园艺景观零星栽培。
- ●**形态特征**：蔓性灌木，小枝4棱，伸长悬垂性。叶对生，三出复叶，小叶椭圆状披针形，先端锐尖，近革质。春季开花，腋生，花冠漏斗状，裂片6～9枚，金黄色，2轮复瓣状，盛花期朵朵黄花亮丽耀眼。
- ●**用途**：庭园美化、花架、绿廊、绿篱、大型盆栽，尤适于高地或坡地缘栽悬垂美化，风格独具。药用可治跌打损伤、支气管炎、腮腺炎、肿毒等。
- ●**生长习性**：中性植物，偏阳性。性喜温暖至高温、湿润、向阳至略荫蔽之地，生长适宜温度18～28℃，日照60%～100%。耐寒、耐热，平地至中海拔均能生长。
- ●**繁育方法**：扦插法、分株法、压条法，春、秋季为适期。
- ●**栽培要点**：栽培介质以壤土或沙质壤土为佳。春、夏季施肥2～3次。花期过后修剪整枝，植株老化施以强剪，促其萌发新枝叶。

木犀科常绿蔓性灌木

茉莉花类

- ●**植物分类**：素馨属（*Jasminum*）。
- ●**产地**：亚洲热带至亚热带地区。园艺观赏普遍栽培。
- ●**形态特征**：枝直立或攀缘性，小枝有短柔毛。叶对生，阔卵形或卵状椭圆形，全缘，薄革质。聚伞花序，花冠筒状，裂片白色，凋谢前渐转淡紫红色，馨香四溢。园艺栽培种有重瓣茉莉，叶对生或轮生，卵状长椭圆形，重瓣花。
- ●**花期**：全年均能开花，但以夏、秋季为盛。
- ●**用途**：庭园美化、攀缘篱墙或栅栏、盆栽。药用可治耳心痛、目赤肿痛、结膜炎、失眠等。
- ●**生长习性**：阳性植物。性喜高温、湿润、向阳之地，生长适宜温度22～30℃，日照70%～100%。
- ●**繁育方法**：扦插法或压条法，春、夏季为适期。
- ●**栽培要点**：栽培介质以壤土或沙质壤土为佳。春、夏季施肥2～3次。春季修剪整枝，老化的植株施以重剪或强剪，并加以追肥。

▲茉莉花（原产印度）
Jasminum sambac

木犀科常绿蔓性灌木

毛茉莉

- ●**别名**：毛素馨。
- ●**植物分类**：素馨属（*Jasminum*）。
- ●**产地**：亚洲热带地区。园艺景观零星栽培。
- ●**形态特征**：蔓性灌木，枝攀缘性，全株密被黄褐色短毛。叶对生或近对生，卵形或心形，先端短尖，厚纸质。春、夏季开花，复聚伞花序，顶生，花冠长筒状，裂片7～8枚，白色，具香气。浆果椭圆形，熟果褐色。本种开花凋谢后，宿存花萼密被绒毛为重要特征。
- ●**用途**：庭园美化、花架、花廊、蔓篱、盆栽。
- ●**生长习性**：中性植物，偏阳性。性喜高温、湿润、向阳至略荫蔽之地，生长适宜温度22～30℃，日照60%～100%。生性强健，耐热、耐旱、耐阴。
- ●**繁育方法**：扦插法、分株法，春、夏季为适期。
- ●**栽培要点**：栽培介质以壤土或沙质壤土为佳。春、夏季施肥2～3次。春季修剪整枝，老化的植株施以重剪或强剪。

▲重瓣茉莉（栽培种）
Jasminum sambac 'Trifoliatum'

▲毛茉莉·毛素馨（原产印度）
Jasminum multiforum

▲扁叶香果兰·香荚兰（原产中美洲）
Vanilla planifolia

扁叶香果兰

- ●**别名**：香荚兰。
- ●**植物分类**：香果兰属（*Vanilla*）。
- ●**产地**：中美洲墨西哥热带地区，为世界闻名之香料植物。园艺观赏零星栽培。
- ●**形态特征**：肉质藤本，茎攀缘性。叶互生，长椭圆形或披针形，先端渐尖，全缘，肉质。春、夏季开花，总状花序，小花黄绿色；花萼和花瓣狭披针形，唇瓣喇叭状，具圆齿裂片；蒴果圆柱形，长5～10厘米。
- ●**用途**：小花架、攀缘篱墙或栅栏、盆栽。荚果可提炼高级香草精油，可供工业、食品、烟、酒等香料。
- ●**生长习性**：阴性植物。性喜高温、湿润、荫蔽之地，生长适宜温度22～32℃，日照40%～60%，忌强烈日光直射。耐热不耐寒、耐阴、喜好空气湿度高。
- ●**繁育方法**：播种或扦插法，春、夏季为适期。
- ●**栽培要点**：栽培介质以腐殖土或沙质壤土为佳，排水、通气需良好。春、夏季施肥3～4次。冬季需温暖避风越冬。

▲杂交鸡蛋果'台农1号'（杂交种）
Passiflora edulis 'Tai-Nong No.1'

西番莲类

- ●**植物分类**：西番莲属（*Passiflora*）。
- ●**产地**：中美洲、南美洲热带地区。
- 1.**鸡蛋果**：别名百香果、时计果。草质藤本，具弹簧状卷须，茎攀缘性。叶互生，掌状深裂，裂片3枚，卵形至长椭圆形（幼株呈椭圆形不分裂），先端锐尖，锯齿缘。春季至秋季开花，聚伞花序退化仅存1花，花冠钟形；萼片5枚与花瓣5枚近似，白绿色；副冠由花丝构成，紫褐至白色；雄蕊5枚，柱头3枚，花形似时钟，故名"时计果"；浆果近球形。

  园艺栽培种有黄鸡蛋果；杂交种"台农1号"，现有大面积专业栽培。果可生食、制果汁、果酱。
- 2.**紫花西番莲**：园艺观赏零星栽培。草质藤本，具弹簧状卷须，茎攀缘性。叶互生，掌状深裂，裂片3枚，披针形，先端渐尖，全缘。春、夏季开花，花姿美艳；聚伞花序，花冠钟形；萼片与花瓣近似，紫红色；副冠由花丝构成，紫褐至白色；雄蕊5枚，柱头3枚下垂。

3.黑皮百香果：园艺观赏零星栽培。草质藤本，具弹簧状卷须，茎攀缘性。叶互生，卵状心形，先端锐尖，全缘，叶背灰绿色。春季至秋季开花，聚伞花序，花冠钟形；萼片与花瓣近似，白绿色；副冠花丝紫蓝与白色相间；雄蕊5枚，柱头3枚。浆果椭圆形，熟果紫黑色，可食用。本种原产中南美洲高冷地，性喜冷凉。

4.镖叶西番莲：园艺观赏零星栽培。草质藤本，具弹簧状卷须，茎攀缘性。叶互生，飞镖形，先端具短针状小突尖，全缘，叶形异雅。秋、冬季开花，花冠钟形。

5.大果西番莲：别名大百香果。园艺观赏零星栽培。草质藤本，幼枝翅状4棱，具弹簧状卷须，茎攀缘性。叶互生，卵形至卵状椭圆形，先端短尖，全缘。夏、秋季开花，聚伞花序，花冠钟形；萼片与花瓣近似，紫红或淡紫红色；副冠由花丝构成，紫褐至白色；柱头3枚下垂。浆果椭圆形，厚肉质，重可达2千克。

6.洋红西番莲：园艺观赏零星栽培。草质藤本，具弹簧状卷须，茎攀缘性。叶互生，卵形、卵状心形或掌状3裂，先端锐或钝圆，钝齿状缘。春、夏季开花，花冠钟形；萼片与花瓣近似，洋红色；副冠花丝短须状，赤黑至白色；花朵红焰出色，极为妍丽。

7.紫冠西番莲：园艺观赏零星栽培。草质藤本，具弹簧状卷须，茎攀缘性。叶互生，掌状深裂，裂片5～7枚，披针形，先端渐尖，全缘。夏、秋季开花，聚伞花序，花冠钟形；萼片与花瓣近似，绿至淡紫色；副冠花丝紫褐至白色；雄蕊5枚，柱头3

▲ 紫花西番莲（原产巴西）
Passiflora amethystina

▲ 黑皮百香果（原产巴西）
Passiflora actinia

▲ 黄鸡蛋果（栽培种）
Passiflora edulis 'Flavicarpa'

▲ 大果西番莲·大百香果（原产美洲热带地区）*Passiflora quadrangularis*

▲ 镖叶西番莲（原产中美洲）
Passiflora perfoliata

▲ 洋红西番莲（原产圭亚那）
Passiflora coccinea

▲ 紫冠西番莲（原产巴西）
Passiflora caerulea

▲ 毛西番莲·龙珠果（原产南美洲）
Passiflora foetida var. *hispida*

枚。浆果椭圆形，黄色。

8. 毛西番莲：别名龙珠果。草质藤本，具弹簧状卷须，茎攀缘性。叶互生，阔卵形或心状阔卵形，3浅裂，裂片先端短尖，波状缘。春、夏季开花，聚伞花序，花冠钟形；萼片与花瓣近似，白色。浆果卵球形，包裹毛状果纱，熟果橙黄色，可食用。药用可治肿毒、痈疮等。

9. 三角叶西番莲：别名三角西番莲、啮齿西番莲。园艺观赏零星栽培。草质藤本，卷须弹簧形，茎攀缘性。叶互生，卵形或心状阔卵形，3浅裂至深裂。春季至秋季开花，对生，小花径约1.5厘米；萼片5枚，绿色；副冠疏短丝状，绿色。浆果近球形，径约1厘米，熟果紫黑色。

10. 艳红西番莲：园艺观赏零星栽培。草质藤本，具弹簧状卷须，茎攀缘性。叶互生，掌状深裂，裂片3枚，卵形至长椭圆形，疏锯齿状缘。春、夏季开花，聚伞花序，花冠钟形；萼片与花瓣近似，橙红色；副冠花丝短线形，红色。花姿红艳璀璨，悦目脱俗。

11. 堇色西番莲：园艺观赏零星栽培。草质藤本，具弹簧状卷须，茎攀缘性。叶互生，掌状深裂，裂片3枚，卵形至长椭圆形，先端锐尖，细锯齿状缘。春季至秋季开花，聚伞花序，花冠钟形；萼片与花瓣近似，紫色；副冠花丝紫色、白色，卷曲覆盖花瓣，花姿幽雅。

12. 蹼叶西番莲：别名三裂西番莲。园艺观赏零星栽培。草质藤本，具弹簧状卷须，茎攀缘性。叶互生，卵形，3浅裂，裂片三角形或披针形，先端钝或渐尖，全缘，叶面有粉红色蹼状纵条纹，叶背紫红色。夏、秋季开花，夜开性，聚伞花序，花冠钟形；萼片与花瓣各5枚，淡绿色；副冠花丝长线形，白色；雄蕊5枚，柱头3枚。叶形奇特美观，为

▲ 三角叶西番莲·三角西番莲·啮齿西番莲
（原产巴西） *Passiflora suberosa*

▲ 艳红西番莲（原产中美洲）
Passiflora vitifolia（*Passiflora sanguinea*）

观叶上品。

- **用途**：花廊、花墙、花架、攀缘篱墙或栅栏、荫棚、诱蝶、大型盆栽。
- **生长习性**：阳性植物。性喜温暖至高温、湿润、向阳之地，生长适宜温度20~30℃，日照70%~100%。其中黑皮百香果性喜冷凉，生长适宜温度15~28℃，高冷地生长良好，平地高温生长迟缓或不良。
- **繁育方法**：播种、扦插或嫁接法，春、秋季为适期；百香果杂交种为保持亲本特性，需用扦插或嫁接法。
- **栽培要点**：栽培介质以壤土或沙质壤土为佳。春、夏季生长期施肥3~4次。冬季应减少灌水，温暖避寒越冬。早春修剪整枝，将过分伸长之细枝剪短，不可强剪，促使分生侧枝，能多开花。黄百香果具有自交不亲和性，结果率仅有5%~10%，必须采用他花人工授粉，才能提高结果率。西番莲类植株平均寿命约5年。

杠柳科常绿蔓性藤本

桉叶藤

- **别名**：伯莱花。
- **植物分类**：桉叶藤属（*Cryptostegia*）。
- **产地**：非洲热带地区，园艺观赏零星栽培。
- **形态特征**：木质藤本，枝攀缘性，具白色乳液。叶对生，长卵形或长椭圆形，先端短突，全缘，革质。夏季开花，短聚伞花序，顶生，花冠漏斗形，先端5裂，粉紫色。蓇葖果2枚水平对生，种子扁平，种发银白色。
- **用途**：花架、花廊、荫棚、盆栽。
- **生长习性**：阳性植物。性喜高温、湿润、向阳之地，生长适宜温度22~32℃，日照70%~100%。耐热不耐寒，冬季应温暖避风越冬，培养土避免长期潮湿。
- **繁育方法**：播种、扦插或高压法，春季至秋季为适期。
- **栽培要点**：栽培介质以壤土或沙质壤土为佳。春、夏季施肥2~3次。早春修剪整枝，老化的植株施以重剪或强剪。

▲ 董色西番莲（杂交种）
Passiflora hybrida 'Inspiration'

▲ 蹼叶西番莲·三裂西番莲（原产巴西、秘鲁、委内瑞拉）*Passiflora trifasciata*

▲ 桉叶藤·伯莱花（原产东非、马达加斯加）
Cryptostegia grandiflora

▲ 胡椒（原产马来西亚、印度尼西亚爪哇）
Piper nigrum

▲ 蒌叶·青蒌（原产中国、印度、马来西亚）
Piper betel

▲ 何首乌·地精·夜交藤（原产中国）
Polygonum multiflorum

胡椒科常绿蔓性藤本

胡椒类

● **植物分类**：胡椒属（*Piper*）。

● **产地**：亚洲热带至亚热带地区。

1. **胡椒**：园艺观赏零星栽培。木质藤本，茎具气根，能吸附岩石或树干，全株含辛辣香味。叶互生，卵圆形或卵状椭圆形，基歪，先端锐尖或钝圆，全缘，近革质。春末、夏季开花，雌雄异株或同株，穗状花序，长条状，下垂性。浆果球形，熟果红色。熟果红艳悦目，为观果上品。果实为世界著名之调味料，可萃取精油制香水。药用可健胃、祛风等。

2. **蒌叶**：别名青蒌。木质藤本，茎具气根，能吸附岩石或树干，全株含辛辣香味。叶互生，卵形、卵圆形或卵状椭圆形，基歪，先端锐尖，近革质。春、夏季开花，雌雄异株，穗状花序，长条状。果穗肉质，浆果球形，熟果褐色。嫩茎、叶片、果穗均能作槟榔配料食用。药用可解瘴疠、治心腹冷痛、风寒咳嗽、胃冷虚泻、烫火伤等。

● **用途**：绿廊、附生篱墙、岩壁或树干美化。

● **生长习性**：中性植物。性喜高温、湿润、略荫蔽之地，生长适宜温度22～30℃，日照50%～70%。耐热不耐寒、耐阴、喜好空气湿度高、忌旱燥或积水。

● **繁育方法**：扦插或压条法，春季为适期。

● **栽培要点**：栽培介质以微酸性之壤土或沙质壤土为佳。春、夏季施肥3～4次。早春修剪整枝，植株老化施以强剪或重剪。雌雄异株者，每丛种植雌苗2～3株，配植雄苗1株，以利开花授粉结果。

▲ 何首乌·地精·夜交藤（原产中国）
Polygonum multiflorum

蓼科半落叶蔓性藤本

珊瑚藤

- **别名**：紫苞藤。
- **植物分类**：珊瑚藤属（*Antigonon*）。
- **产地**：中美洲热带地区。园艺观赏普遍栽培。
- **形态特征**：木质藤本，茎有棱，叶腋有卷须，花轴先端也演化成卷须，攀缘性，成株地下有肥大块根。叶互生，卵状三角形或长心形，全缘或浅细齿缘，纸质，两面粗糙。春末至秋季开花，总状花序，花苞圆锥状，粉红色。瘦果卵圆形，种仁呈白粉状。园艺栽培种有重瓣花、白花珊瑚藤，花苞白色。
- **用途**：花廊、花架、攀缘篱墙或栅栏、荫棚、诱蝶。
- **生长习性**：阳性植物。性喜高温、湿润、向阳之地，生长适宜温度22～30℃，日照70%～100%。
- **繁育方法**：播种法，春、夏季为适期。
- **栽培要点**：栽培介质以壤土或沙质壤土为佳。春、夏季施肥2～3次。中、北部冬季有落叶现象，落叶后或早春修剪整枝，植株老化施以重剪或强剪。

蓼科常绿蔓性藤本

何首乌类

- **植物分类**：蓼属（*Polygonum*）。
- **产地**：亚洲北部热带至温带地区。
- **1. 何首乌**：别名地精、夜交藤。园艺观赏零星栽培。草质藤本，茎中空，缠绕性，地下有肥大块根。叶互生，卵状长心形。圆锥花序，小花乳白色或淡黄色。瘦果椭圆形，具3棱。茎叶和块根是名贵中药，可治血虚发白、神经衰弱、瘰疬、肿毒、肝肾阴亏等。
- **2. 台湾何首乌**：别名红骨蛇。何首乌的变种，台湾特有植物，原生于中、低海拔山区。草质藤本，缠绕性，根茎粗厚，偶有小块根。叶卵形、卵状披针形。圆锥花序，小花乳白色或略带粉红。药用可治寒咳、神经衰弱、失眠等。
- **用途**：花廊、花架、攀缘篱墙或栅栏、荫棚。
- **生长习性**：阳性植物。性喜温暖，生长适宜温度18～28℃，日照70%～100%，高冷地生长良好。
- **繁育方法**：播种或扦插法，春季为适期。
- **栽培要点**：栽培介质以腐殖土或沙质壤土为佳，忌旱燥或积水不退。春、夏季施肥2～3次。

▲ 珊瑚藤·紫苞藤（原产墨西哥）
Antigonon leptopus

▲ 白花珊瑚藤（原产墨西哥）
Antigonon leptopus 'Album'

▲ 台湾何首乌·红骨蛇（原产中国）
Polygonum multiflorum var. *hypoleucum*

毛茛科常绿蔓性藤本

铁线莲类

● **植物分类**：铁线莲属（*Clematis*）。

● **产地**：原种产于北半球暖带至温带，极少数产于热带地区；园艺杂交种在世界温带地区广泛栽培。

1. **杂交铁线莲**：品种极多，世界温带地区著名藤本花卉，高冷地园艺观赏零星栽培。木质藤本，茎攀缘性。叶对生，单叶或三出复叶，小叶长卵形或卵状披针形，先端尖，全缘。夏、秋季开花，萼片4～8枚，演化成花瓣状，花冠风车形，花形有单瓣或重瓣，花色有白、红、粉红、紫红、紫蓝等色，花姿瑰丽美艳。瘦果宿存之花柱具有长柔毛或无毛。

2. **屏东铁线莲**：别名恒春铁线莲。台湾特有植物，原生于恒春半岛或台东南部低海拔地区，野生族群数量稀少，需保育。木质藤本，茎光滑，攀缘性。羽状复叶，小叶3～5枚，三角形或阔卵形，先端钝，疏锯齿缘。聚伞花序，萼片6枚，偶7枚，白色，花瓣状，花丝蓝紫色。瘦果具长柔毛。

3. **厚叶铁线莲**：园艺观赏零星栽培。木质藤本，茎攀缘性。叶对生，三出复叶，小叶椭圆形或卵状长椭圆形，三出脉，全缘，近革质，叶柄紫红色。聚伞花序，萼片4枚，白至淡粉红色，花瓣状。瘦果卵形，具长柔毛。

4. **小木通**：别名白玉铁线莲、川木通。高冷地零星栽培。木质藤本，茎攀缘性。叶对生，三出复叶，小叶卵状披针形，三出脉，全缘。聚伞花序，萼片4～6枚，白色，花瓣状。

5. **鹅銮鼻铁线莲**：中国台湾特有植物，原生于恒春半

▲ 艳红铁线莲（杂交种）
Clematis hybrida 'Jackmanii Rubra'

▲ 紫蓝铁线莲（杂交种）
Clematis hybrida 'H.F.Young'

▲ 银月铁线莲（杂交种）
Clematis hybrida 'Silver Moon'

▲ 白绣球铁线莲（杂交种）
Clematis hybrida 'Duchess of Edinburht'

▲ 青蓝铁线莲（杂交种）
Clematis hybrida 'Sir Garnet Wolseley'

岛山坡或滨海向阳草丛开阔地。草质藤本，茎攀缘性。叶对生，羽状复叶，小叶5枚，卵形或长卵状葫芦形，先端钝有小突尖，全缘，革质。圆锥花序，萼片4枚，白色，花瓣状。瘦果卵形。

6. **毛柱铁线莲**：别名麦氏铁线莲。园艺观赏零星栽培。木质藤本，茎攀缘性。叶对生，三出复叶，小叶卵形或卵状披针形，五出脉，全缘，近革质，两面光滑。聚伞花序，萼片4枚，白色。瘦果纺锤形，宿存花柱羽毛状。药用可治扁桃腺炎、腰膝冷痛、水肿等。

7. **长萼铁线莲**：别名田代氏铁线莲。园艺观赏零星栽培。木质藤本，茎攀缘性。叶对生，羽状复叶，小叶5枚，长心形或卵形，疏锯齿缘，近膜质，两面光滑。聚伞花序，花苞卵形，萼片4枚，暗紫色，平展；花丝白色，平出。瘦果具长柔毛。变种有黄氏铁线莲，萼片黄色。

8. **紫萼铁线莲**：别名菝葜叶铁线莲。园艺观赏零星栽培。木质藤本，茎攀缘性。叶对生，三出复叶或羽状复叶，小叶长心形或长卵形，全缘，近革质。聚伞花序，花苞尖锥形，萼片4枚，暗紫色，反卷；花丝白色，直立。瘦果具长柔毛。

9. **串鼻龙**：木质藤本，茎攀缘性，全株被毛。叶对生，三出复叶、羽状复叶至三出复叶，小叶掌状3裂或卵状椭圆形，粗锯齿缘。圆锥花序，萼片4枚，白色，花瓣状。瘦果头状，被长柔毛。药用可治皮肤病、肿毒等。

10. **毛蕊铁线莲**：别名小木通。高冷地园艺观赏、药用零星栽培。木质藤本，茎攀缘性。羽状复叶，小叶卵形或卵状披针形，锯齿缘，纸质。秋、冬季开

▲ 桃星铁线莲（杂交种）
Clematis hybrida 'Nelly Moser'

▲ 屏东铁线莲・恒春铁线莲（原产中国）
Clematis akoensis

（吕胜由 摄影）

▲ 厚叶铁线莲（原产中国、日本）
Clematis crassifolia

（吕胜由 摄影）

▲ 毛柱铁线莲・麦氏铁线莲（原产中国）*Clematis meyeniana*

▲ 鹅銮鼻铁线莲（原产中国）
Clematis terniflora var. *garanbiensis*

▲ 小木通・白玉铁线莲・川木通（原产中国）*Clematis armandii*

▲ 长萼铁线莲·田代氏铁线莲（原产日本、中国）
Clematis tashiroi

▲ 黄氏铁线莲（原产中国）
Clematis tashiroi var. *huangii*

▲ 紫萼铁线莲·菝葜叶铁线莲（原产东南亚）
Clematis smilacifolia

▲ 串鼻龙（原产印度、马来西亚、印度尼西亚爪哇、菲律宾、越南及中国） *Clematis grata*

花，圆锥花序，萼片4枚，紫红色，花瓣状，悬垂如吊灯甚美妍。瘦果具长柔毛。药用可治腹胀、筋骨痛、尿路感染等。

11.绣球藤：别名淮木通、柴木通。高冷地园艺观赏零星栽培。木质藤本，茎攀缘性。三出复叶或羽状复叶，小叶卵形或卵状披针形，叶缘浅裂或锯齿状，纸质，两面被毛。夏、秋季开花，萼片4枚，白色，花瓣状。药用可治湿热、水肿、淋病等。园艺栽培种有白绣球藤、粉柔绣球藤等。

● **用途**：花廊、花架、攀缘篱墙、拱门或栅栏、盆栽。

● **生长习性**：阳性植物，日照70%～100%。杂交铁线莲、厚叶铁线莲、白玉铁线莲、小木通、绣球藤等，性喜冷凉，生长适宜温度15～25℃，耐寒不耐热，中海拔或高冷地栽培为佳。麦氏铁线莲、田代氏铁线莲、串鼻龙等，性喜温暖至高温，生长适宜温度18～28℃。其他品种性喜高温，生长适宜温度23～32℃。

● **繁育方法**：播种、扦插或压条法，春季为适期。

● **栽培要点**：栽培介质以腐殖土或沙质壤土为佳。春、夏季生长期施肥2～3次。落叶后或早春修剪整枝，植株老化施以重剪。

▲ 毛蕊铁线莲·小木通（原产中国）
Clematis lasiandra

▲ 绣球藤·淮木通·柴木通（原产中国、印度）
Clematis montana

蔷薇科常绿蔓性灌木

蔓性玫瑰类

- ●**植物分类**：玫瑰属（*Rosa*）。
- ●**产地**：原种产于北半球温带，杂交种、园艺栽培种广泛栽培于世界亚热带至温带地区。

1. **蔓性玫瑰**：杂交种，品种繁富，园艺观赏零星栽培。株高可达3米，枝疏生锐尖钩刺，攀缘性。奇数羽状复叶，小叶3～7枚，长卵形至椭圆形，锐锯齿缘。全年开花，冬、春季盛开，顶生、单生或伞房花序，单瓣或重瓣，花色有白、黄、橙黄、鲑黄、红、粉红、洋红、暗红或复色等，具香气，花色鲜艳娇媚，花团锦簇，令人惊叹。

2. **小金樱**：别名白刺仔花。台湾特有植物，原生于中央山脉中海拔山区，在平地已栽培驯化，能耐高温，园艺观赏及民俗用途普遍栽培。株高可达3米以上，枝疏生锐尖钩刺，攀缘性。奇数羽状复叶，小叶5～7枚，卵形至椭圆形，锐锯齿缘，纸质。伞房花序，顶生，小花多数，5瓣，白或略带淡粉红色。果球形，熟果红色。

- ●**用途**：花架、绿廊、拱门、攀缘篱墙、盆栽、诱蝶。小金樱枝叶常用于民俗活动。
- ●**生长习性**：阳性植物。性喜温暖至高温、湿润、向阳之地，生长适宜温度15～26℃，日照70%～100%。耐寒不耐热，中海拔或高冷地生长良好，平地冬、春季生长良好，夏季高温，必须通风凉爽越夏。
- ●**繁育方法**：播种、扦插或高压法，冬、春季为适期。
- ●**栽培要点**：栽培介质以富含有机质之壤土或沙质壤土为佳。花期长，秋末至春季施肥3～4次。花后修剪整枝，植株老化施以重剪或强剪。

▲ 蔓性玫瑰'蔓性圣火'（杂交种）
Rosa hybrida 'Seike Climbing'

▲ 蔓性玫瑰'蔓性和平'（杂交种）
Rosa hybrida 'Climbing'

▲ 粉柔绣球藤（栽培种）
Clematis montana 'Elizabeth'

▲ 小金樱·白刺仔花（原产中国）
Rosa taiwanensis

▲ 玉叶金花・白纸扇（原产中国、日本）
Mussaenda pubescens

▲ 玉叶金花・白纸扇（原产中国、日本）
Mussaenda pubescens

茜草科常绿蔓性灌木

玉叶金花类

- ●**植物分类**：玉叶金花属（*Mussaenda*）。
- ●**产地**：亚洲热带、亚热带至温带地区。
- 1.**玉叶金花**：别名白纸扇。园艺景观零星栽培。茎攀缘性或缠绕性，全株被伏毛。叶对生，椭圆状披针形或长椭圆形，先端锐或渐尖，全缘，纸质。春、夏季开花，聚伞花序，顶生，花冠5裂，星形，金黄色；萼5裂，其中1裂片演化成叶片状，白色或略带淡绿色。浆果椭圆形，熟果紫黑色。
- 2.**海南玉叶金花**：茎攀缘性，小枝密被柔毛。叶对生，阔卵形或卵状椭圆形，先端短尖，全缘，纸质，叶背密被毛。春、夏季开花，聚伞花序，顶生，花冠5裂，星形，金黄色，密被柔毛；萼5裂，其中1裂片演化成叶片状，白色。浆果椭圆形，熟果黑色，表面密生突疣。
- ●**用途**：庭园美化、绿篱、攀缘篱墙或栅栏、盆栽、诱蝶。玉叶金花药用可治扁桃腺炎、支气管炎、中暑、肠胃炎、腰骨酸痛、肿毒等。
- ●**生长习性**：中性植物，偏阳性。性喜温暖至高温、湿润、向阳至荫蔽之地，生长适宜温度18～30℃，日照60%～100%。生性强健，耐热也耐寒、耐阴。
- ●**繁育方法**：播种、扦插法，春、夏季为适期。
- ●**栽培要点**：栽培介质以腐殖土或沙质壤土为佳。栽培地点排水需良好，排水不良或土壤长期潮湿，根部易腐烂。春、夏季生长期施肥2～3次。春季修剪整枝，植株老化施以强剪或重剪。

▲ 海南玉叶金花（原产中国）
Mussaenda hainanensis

▲ 倒地铃・风船葛（原产美洲热带地区）
Cardiospermum halicacabum

茜草科蔓性常绿小灌木

小王冠

- ●别名：波华丽。
- ●植物分类：寒丁子属（*Bouvardia*）。
- ●产地：杂交种，原种产于北美洲西部至墨西哥。园艺观赏零星栽培。
- ●形态特征：株高可达2米，茎细圆，伸长呈攀缘性，全株密被细柔毛。叶对生，长卵形或卵状椭圆形，先端锐或渐尖，全缘，纸质。冬、春季开花，聚伞花序，顶生，花冠长筒状，裂片4～5枚，花形有单瓣或重瓣，花色有白、粉红、红、紫等色，花姿娇美可爱。
- ●用途：庭园美化、小花架、低篱、盆栽、花材。
- ●生长习性：阳性植物。性喜温暖、湿润、向阳之地，生长适宜温度15～26℃，日照70%～100%。高冷地栽培为佳，平地高温生长迟缓。
- ●繁育方法：扦插或压条法，春、秋季为适期。
- ●栽培要点：栽培介质以腐殖土或沙质壤土为佳。分枝少可加以摘心，促使多分枝。春、夏季施肥2～3次。花后修剪整枝，植株老化施以重剪。

无患子科一年生蔓性草本

倒地铃

- ●别名：风船葛。
- ●植物分类：倒地铃属（*Cardiospermum*）。
- ●产地：热带至亚热带地区。园艺观赏零星栽培。
- ●形态特征：草质藤本，具卷须，茎攀缘性。叶互生，二回三出复叶，小叶卵形至披针形，先端渐尖，深粗锯齿缘，纸质。春、夏季开花，聚伞花序，小花白色，花瓣4枚。蒴果倒卵形，3棱状，苞膜膨胀如气囊。种子球形，浑圆如珠，黑色，表面有白色心形花纹。
- ●用途：绿廊、攀缘篱墙、窗台或栅栏美化、盆栽。药用可治疔毒、百日咳、糖尿病、诸淋等。叶及种子有毒，不可误食。
- ●生长习性：阳性植物。性喜高温、湿润、向阳之地，生长适宜温度20～30℃，日照70%～100%。
- ●繁育方法：播种法，春、夏季为适期。
- ●栽培要点：栽培介质以沙质壤土为佳。春、夏季生长期施肥2～3次，磷钾肥偏多有利开花结果。

▲ 小王冠·波华丽（杂交种）
Bouvardia × *hybrida* 'Double Red'

▲ 小王冠·波华丽（杂交种）
Bouvardia × *hybrida* 'Boyal Roxanne'

▲ 倒地铃·风船葛（原产美洲热带地区）
Cardiospermum halicacabum

▲阿里山五味子·阿里山北五味子（原产中国台湾）*Schisandra arisanensis*

▲金杯藤·酒杯藤·金喇叭（原产墨西哥）
Solanum maxima（*Solanum nitida*）（郑元春摄影）

▲彩叶金杯藤（栽培种）
Solanum maxima 'Variegata'

五味子科落叶蔓性藤本

阿里山五味子

- ●别名：阿里山北五味子。
- ●植物分类：五味子属（*Schisandra*）。
- ●产地：台湾特有植物，原生于中、北部中海拔山区，高冷地园艺观赏、药用零星栽培。
- ●形态特征：木质藤本，茎攀缘性。叶互生，椭圆形或卵状披针形，先端渐尖或尾尖，上部锯齿缘，两面光滑。夏季开花，雌雄异株，单生或2~3朵簇生，悬垂，花冠黄色或红色。浆果球形，红色，穗状下垂，红艳可爱。
- ●用途：花架、绿廊、攀缘篱墙或栅栏美化、荫棚。药用可治风湿关节痛、神经衰弱等。
- ●生长习性：阳性植物。性喜温暖、湿润、向阳之地，生长适宜温度15~25℃，日照70%~100%。耐寒不耐热、稍耐阴、喜好空气湿度高。
- ●繁育方法：播种、扦插法，春季为适期。
- ●栽培要点：栽培介质以沙质壤土为佳。春、夏季施肥2~3次。落叶后或早春修剪整枝。

茄科常绿蔓性灌木

金杯藤类

- ●植物分类：金杯藤属（*Solandra*）。
- ●产地：中美洲热带地区。
1. 金杯藤：别名酒杯藤、金喇叭。园艺观赏零星栽培。蔓性灌木，枝攀缘性。叶互生，长椭圆形，革质。春、夏季开花，花冠浅杯形，先端5裂，裂片反卷，淡黄至金黄色，内部具5条紫褐色线纹。园艺栽培种有彩叶金杯藤。
2. 高杯藤：别名长花金杯藤。蔓性灌木，枝攀缘性。叶互生，倒卵状长椭圆形，全缘，革质。春、夏季开花，花冠高杯形，先端5裂，裂片反卷，乳白转金黄色，花筒外部和内部具紫绿色或紫褐色线纹。
- ●用途：花架、绿廊、攀缘篱墙、荫棚、大型盆栽。全株有毒，不可误食。
- ●生长习性：阳性植物。性喜高温、湿润、向阳之地，生长适宜温度22~30℃，日照70%~100%。
- ●繁育方法：扦插或高压法，春季为适期。
- ●栽培要点：可参照"悬星花类"。

悬星花类

- **●植物分类**：茄属（*Solanum*）。
- **●产地**：南美洲热带地区。
- **1.悬星花**：别名星茄。园艺观赏零星栽培。木质藤本，茎攀缘性。羽状裂叶，裂片椭圆形、卵形或披针形，全缘。春、夏季开花，圆锥花序，顶生或与叶对生，花冠星形，5裂片，粉紫色，雄蕊黄色。浆果球形，熟果红色。枝叶、果实有毒，不可误食。
- **2.白星茄**：别名白花茉莉茄。园艺栽培种，原种产于南美洲。园艺观赏零星栽培。木质藤本，茎攀缘性。叶互生，卵状披针形，先端渐尖，全缘或波状缘。春、夏季开花，聚伞状圆锥花序，花冠星形，5裂片，白色，雄蕊黄色。浆果球形，熟果紫黑色。园艺栽培种有斑叶白星茄，叶面具黄色斑纹，开花白色。
- **●用途**：花架、拱门、攀缘篱墙或栅栏美化、盆栽。
- **●生长习性**：阳性植物。性喜高温、湿润、向阳之地，生长适宜温度22～30℃，日照70%～100%。耐热不耐寒，冬季需温暖避风越冬。
- **●繁育方法**：播种法，春、夏季为适期。
- **●栽培要点**：栽培介质以腐殖土或沙质壤土为佳。春、夏季生长期施肥2～3次，成株磷、钾肥偏多有利开花。冬季、早春低温期，局部地区会落叶，栽培土壤不可长期潮湿。春季修剪整枝，植株老化施以重剪或强剪。

▲ 悬星花·星茄（原产巴西）
Solanum seaforthianum

▲ 白星茄·白花茉莉茄（栽培种）
Solanum jasminoides 'Album'

▲ 斑叶白星茄·斑叶茉莉茄（栽培种）
Solanum jasminoides 'Album Variegata'

▲ 高杯藤·长花金杯藤（原产中美洲）
Solandra longiflora

▲ 龙吐珠·白萼赪桐·珍珠宝莲（原产非洲热带地区）*Clerodendrum thomsonae*

▲ 斑叶龙吐珠（栽培种）
Clerodendrum thomsonae 'Variegated'

龙吐珠类

- **植物分类**：大青属（赪桐属）（*Clerodendrum*）。
- **产地**：广泛分布于热带至亚热带地区。
1. **龙吐珠**：别名白萼赪桐、珍珠宝莲。园艺观赏普遍栽培。木质藤本，小枝近方形，紫褐色，攀缘性。叶对生，长卵形或卵状椭圆形，纸质。夏、秋季开花，聚伞花序，萼片乳白色；花冠长筒形，5裂片，红色，花丝细长。园艺栽培种有斑叶龙吐珠。药用可治慢性中耳炎。
2. **红花龙吐珠**：别名红萼珍珠宝莲。园艺观赏普遍栽培。木质藤本，小枝近方形，紫黑色，攀缘性。叶对生，长卵形或卵状椭圆形，纸质。全年见花，夏季盛开，聚伞花序，萼片红色；花冠长筒形，5裂片，红色，花丝细长。花谢后，萼片持久不凋，红艳美观。
3. **红龙吐珠**：别名艳赪桐。园艺观赏零星栽培。木质藤本，茎攀缘性。叶对生，长卵形或卵状椭圆形，纸质。春季至秋季均能见花，聚伞花序，花冠长筒形，5裂片，红至橙红色。
- **用途**：花架、拱门、攀缘篱墙或栅栏、盆栽。
- **生长习性**：阳性植物。性喜高温、湿润、向阳之地，生长适宜温度22～32℃，日照70%～100%。耐热、稍耐阴，冬季需温暖避风，寒流侵袭会有落叶现象。
- **繁育方法**：扦插法，春季为适期。
- **栽培要点**：栽培介质以腐殖土或沙质壤土为佳。春、夏季生长期施肥2～3次。花后或早春修剪整枝，植株老化施以重剪或强剪。

▲ 红花龙吐珠·红萼珍珠宝莲（杂交种）
Clerodendrum × speciosum

▲ 红龙吐珠·艳赪桐（原产非洲热带地区）
Clerodendrum splendens

马鞭草科常绿蔓性灌木

菲律宾石梓

- **植物分类**：石梓属（*Gmelina*）。
- **产地**：亚洲热带地区。园艺观赏零星栽培。
- **形态特征**：蔓性灌木，枝条具锐刺，攀缘性。叶对生，卵形或椭圆形，先端锐或突尖，全缘或3浅裂，薄革质。春、夏季开花，总状花序，顶生，悬垂性，叶状苞片紫褐色，覆瓦状排列，长10～20厘米；花冠弯卵状，4裂片，黄色；花序外形酷似一只龙虾，花姿奇致。核果倒卵形。
- **用途**：花架、绿廊、攀缘篱墙、荫棚。
- **生长习性**：中性植物，偏阳性。性喜高温、湿润、向阳或略荫蔽之地，生长适宜温度22～32℃，日照60%～100%。耐热、稍耐阴，冬季需温暖避风。
- **繁育方法**：播种或扦插法，春、夏季为适期。
- **栽培要点**：栽培介质以壤土或沙质壤土为佳。春、夏季施肥2～3次。春季修剪整枝，植株老化施以重剪。生长强势，随时牵引枝条方向，避免杂乱。

▲菲律宾石梓（原产印度、菲律宾、泰国）
Gmelina philippensis

马鞭草科常绿蔓性灌木

绒苞藤类

- **植物分类**：绒苞藤属（*Congea*）。
- **产地**：亚洲东南部热带地区。

1. **绒苞藤**：别名紫糊木、紫康吉木。园艺观赏零星栽培。蔓性灌木，枝攀缘性。叶对生，卵形、椭圆形或卵状椭圆形，先端锐或突尖，全缘。夏、秋季开花，复总状花序，顶生，苞片4枚，粉紫至桃红色，小花粉白色，花期持久。

2. **白绒苞藤**：别名白糊木、康吉木。园艺观赏零星栽培。蔓性灌木，枝攀缘性。叶对生，长卵形或卵状披针形，先端渐尖或突尖，全缘。夏、秋季开花，复总状花序，顶生，苞片4枚，白色，小花粉白色。

- **用途**：花架、花廊、攀缘篱墙或栅栏、荫棚。
- **生长习性**：阳性植物。性喜高温、湿润、向阳之地，生长适宜温度22～32℃，日照70%～100%。耐热不耐寒，冬季需温暖避风越冬。
- **繁育方法**：扦插或高压法，春季为适期。
- **栽培要点**：可参照"菲律宾石梓"。

▲绒苞藤・紫糊木・紫康吉木（原产马来西亚、泰国、缅甸）*Congea velutina*

▲白绒苞藤・白糊木・康吉木（原产马来西亚）
Congea tomentosa

▲冬红·阳伞花·帽子花（原产印度、喜马拉雅山）*Holmskioldia sanguinea*

▲蝶心花（原产非洲热带地区）
Holmskioldia tettensis

马鞭草科常绿蔓性灌木

冬红类

● **植物分类**：冬红属（*Holmskioldia*）。

● **产地**：亚洲热带地区。

1. **冬红**：别名阳伞花、帽子花。园艺观赏普遍栽培。蔓性灌木，枝攀缘性。叶对生，阔卵形或卵状披针形，细锯齿缘，纸质。早春开花，萼片蝶形，花冠长筒状，橙红色。

2. **蝶心花**：园艺观赏零星栽培。蔓性灌木，枝攀缘性。叶对生，阔卵形，粗锯齿缘，纸质。春季开花，萼片碟形，5浅裂，桃红色；花朵冠筒和和裂片紫色，花丝细长，酷似蝴蝶触须，花姿曼妙奇特。

● **用途**：花架、攀缘篱墙或栅栏、盆栽。

● **生长习性**：阳性植物。性喜高温、湿润、向阳之地，生长适宜温度22～32℃，日照70%～100%。

● **繁育方法**：扦插法，春季为适期。

● **栽培要点**：栽培介质以腐殖土或沙质壤土为佳。春季至秋季施肥3～4次。冬季土壤忌潮湿，干旱有利开花。花后修剪整枝，植株老化施以重剪。

马鞭草科常绿蔓性灌木

蓝花藤类

● **植物分类**：蓝花藤属（*Petrea*）。

● **产地**：中美洲、西印度热带地区。

1. **蓝花藤**：别名紫霞藤、锡叶藤、砂纸叶藤。园艺观赏零星栽培。蔓性灌木，枝攀缘性。叶对生，椭圆形或倒卵状椭圆形，全缘，叶面粗糙如砂纸。春末、夏季开花，总状花序，花冠2层状，外层星形，萼片5枚，淡粉紫色；内层花瓣5裂，深紫色；深浅2色衬托，花姿幽柔妩媚。

2. **大蓝花藤**：别名大锡叶藤。园艺观赏零星栽培。蔓性灌木，枝攀缘性。叶对生，长椭圆形，全缘，叶面粗糙。春末、夏季开花，总状花序，萼片5枚，白色，花瓣状，花姿雪白素雅。

● **用途**：花架、花廊、拱门、攀缘篱墙或荫棚。

● **生长习性**：阳性植物。性喜高温、湿润、向阳之地，生长适宜温度22～32℃，日照70%～100%。耐热不耐寒，冬季需温暖避风，寒流来袭会有落叶现象。

● **繁育方法**：扦插法或高压法，春季为适期。

● **栽培要点**：可参照"阳伞花类"。

葡萄科落叶蔓性藤本

地锦

- **别名**：爬墙虎、爬山虎。
- **植物分类**：地锦属、爬山虎属（*Parthenocissus*）。
- **产地**：亚洲亚热带至温带地区。园艺景观普遍栽培。
- **形态特征**：木质藤本，茎攀缘性，具分叉卷须，末端演化成圆形吸盘，能吸附墙壁、岩石或树干生长。叶互生，单叶或三出复叶；单叶心状阔卵形，先端锐尖；三出复叶之顶小叶椭圆形，侧生叶歪长卵形，先端渐尖，粗锯齿缘，纸质或薄革质。夏季开花，聚伞花序与叶对生，小花5瓣，黄绿色。浆果球形，熟果蓝黑色。
- **用途**：绿篱、攀爬墙壁或石壁美化。药用可治带状疱疹、风湿症、痈疮肿毒、偏头痛等。
- **生长习性**：中性植物，偏阳性。性喜温暖至高温、湿润、向阳之地，生长适宜温度20～30℃，日照60%～100%。生性强健，耐寒也耐热、耐旱、稍耐荫。
- **繁育方法**：播种、扦插法，春季为适期。
- **栽培要点**：栽培介质以腐殖土或沙质壤土为佳。种植地点靠近墙壁、岩石或树干，以利茎蔓附生。春、夏季生长期施肥2～3次，冬季落叶后修剪整枝，将未吸附于墙壁的小枝剪除，可预防枝叶连贯大量掉落而影响美观。

▲ 地锦·爬墙虎·爬山虎（原产中国、日本、韩国）*Parthenocissus tricuspidata*

▲ 冬季落叶前，地锦叶片由绿转红，形似秋枫，诗情画意

▲ 蓝花藤·紫霞藤·锡叶藤·砂纸叶藤（原产西印度、中美洲）*Petrea volubilis*

▲ 大蓝花藤·大锡叶藤（原产美洲热带地区）*Petrea glandulosa*

▲ 粉藤·白粉藤（原产中国、澳大利亚、印度、马来西亚、菲律宾） *Cissus repens*

▲ 翼茎粉藤·四方藤（原产中国）
Cissus pteroclada

▲ 圆叶粉藤·圆叶葡萄（原产东非等）
Cissus rotundifolia

葡萄科常绿蔓性藤本

粉藤类

- **植物分类**：粉藤属（*Cissus*）。
- **产地**：亚洲、澳大利亚、非洲等热带地区。

1. **粉藤**：别名白粉藤。园艺观赏、药用普遍栽培。木质藤本，茎圆柱形，被白粉，卷须1～2分叉与叶对生，攀缘性，地下有块根。叶互生，阔卵形或心形，先端渐尖或短尖，芒尖状锯齿缘，膜质或肉质。夏、秋季开花，聚伞花序与叶对生，小花4瓣，淡黄或黄绿色。浆果倒卵形，熟果紫色。药用可治皮肤疮毒、瘰疬、膀胱炎、疝气、小肠气痛等。

2. **翼茎粉藤**：别名四方藤。中国特有植物，原生于低海拔山区，南投鱼池乡莲华池附近较常见，园艺观赏、药用零星栽培。木质藤本，茎方形，棱上有翼，卷须2分叉与叶对生，攀缘性。叶互生，长卵形或心形，先端尾尖，芒尖状锯齿缘，膜质或肉质，叶面光泽明亮。夏、秋季开花，聚伞花序与叶对生，小花4瓣。浆果球形，熟果紫黑色。药用可治风湿疼痛、跌打损伤等。

3. **圆叶粉藤**：别名圆叶葡萄。木质藤本，卷须与叶对生，攀缘性。叶互生，圆形或心状圆形，先端钝圆或小突尖，芒尖状钝齿缘，肉质或厚革质。聚伞花序与叶对生，小花淡黄绿色。浆果球形。

4. **锦屏藤**：别名珠帘藤。园艺观赏普遍栽培。大型木质藤本，茎扁圆形，灰绿色，卷须、气根与叶对生，攀缘性。叶互生，卵状长心形，先端渐尖，芒尖状锯齿缘，膜质或薄革质。聚伞花序与叶对生，小花黄绿色。浆果球形至椭圆形。成株能自茎节生长红褐色细长气根，垂悬于棚架之下，形似红线珠帘，独具风格。

- **用途**：绿廊、攀缘篱墙或栅栏、荫棚。圆叶葡萄适合盆栽观叶。
- **生长习性**：阳性植物。性喜高温、湿润、向阳之地，生长适宜温度20～30℃，日照70%～100%。生性强健，耐热、耐旱、耐湿、稍耐阴。
- **繁育方法**：播种、扦插法，春、夏季为适期。
- **栽培要点**：栽培介质以腐殖土或沙质壤土为佳。春、夏季生长期施肥2～3次。春季修剪整枝，植株老化施以重剪。锦屏藤蔓延力强，设立棚架宜宽大，随时牵引茎蔓生长方向，均匀扩展棚架，并整理垂悬气根。

▲ 锦屏藤·珠帘藤（栽培种）
Cissus sicyoides 'Ovata'

▲ 锦屏藤·珠帘藤（栽培种）
Cissus sicyoides 'Ovata'

▲ 锦屏藤成株具悬垂气根，形似红线珠帘，风格独具

葡萄科常绿蔓性藤本

扁担藤

- **别名**：扁茎藤。
- **植物分类**：崖爬藤属（*Tetrastigma*）。
- **产地**：亚洲热带至亚热带地区。
- **形态特征**：园艺观赏零星栽培。大型木质藤本，卷须与叶对生；茎攀缘性，幼茎圆形，老茎逐渐转变成扁带状。掌状五出复叶，上2叶较小，歪长卵形或披针形；中叶最大，椭圆形，先端突尖，疏锯齿缘；总柄、叶背密生褐毛，淡绿色。夏季开花，伞形花序，小花4瓣，绿色。浆果近球形。
- **用途**：绿廊、攀缘篱墙或栅栏、荫棚。
- **生长习性**：阳性植物。性喜高温、湿润、向阳之地，生长适宜温度20～30℃，日照70%～100%。
- **繁育方法**：播种、扦插法，春季为适期。
- **栽培要点**：栽培介质以腐殖土或沙质壤土为佳。春、夏季生长期施肥2～3次。春季修剪整枝，植株老化施以重剪或强剪。

▲ 扁担藤·扁茎藤（原产中国）
Tetrastigma planicaule

▲ 巨峰葡萄（杂交种）
Vitis hybrida 'Kyoho'

▲ 山葡萄·藤葡萄（原产中国、日本、韩国）
Vitis amurensis (*Vitis thunbergii*)

▲ 小叶山葡萄（原产中国）
Vitis amurensis var. *taiwaniana*

葡萄科落叶蔓性藤本

葡萄类

- ●**植物分类**：葡萄属（*Vitis*）。
- ●**产地**：原种多产于亚洲西部、美洲东北部，杂交种广泛分布于亚热带至温带地区。
- 1.**杂交葡萄**：经济果树，如巨峰、金香、蜜红等，园艺专业大面积栽培。木质藤本，茎攀缘性，卷须与叶对生。叶互生，心形或掌状裂叶，疏锯齿缘，纸质。春季开花，聚伞花序，小花黄绿色。核果椭圆形，熟果紫黑色或黄绿色。药用可治骨痛、腰脊痛、贫血、热淋涩痛、妊娠浮肿、水肿等。
- 2.**山葡萄**：别名藤葡萄。木质藤本，卷须与叶对生，茎攀缘性。叶互生，心形或心状三角形，3～5浅裂或不裂，不规则粗锯齿缘。春季开花，聚伞状圆锥花序与叶对生，小花淡黄绿色。浆果球形，熟果紫黑色。药用可治乳痈、各种眼疾、肺炎、无名肿毒、风湿关节炎等。
- 3.**小叶山葡萄**：山葡萄的变种，台湾特有植物，原生于低海拔山麓至平野，园艺观赏、药用普遍栽培。木质藤本，茎攀缘性。叶卵状心形，3～5浅裂或深裂，缺刻状锯齿缘或有小突尖。春季开花，小花淡黄绿色。浆果球形，熟黑。药用同山葡萄。
- ●**用途**：绿廊、攀缘篱墙或栅栏、荫棚。果实可鲜食、制果汁或果酱、酿酒。
- ●**生长习性**：阳性植物。性喜高温、湿润、向阳之地，生长适宜温度20～30℃，日照70%～100%。生性强健，耐寒也耐热、耐旱、耐瘠。
- ●**繁育方法**：播种、扦插法，早春为适期。
- ●**栽培要点**：栽培介质以腐殖土或沙质壤土为佳。春、夏季生长期施肥2～3次。冬季落叶后修剪整枝，植株老化施以重剪或强剪。

▲ 小叶山葡萄（原产中国）
Vitis amurensis var. *taiwaniana*

竹类

竹类

竹类是地球上独特的植物，晋朝古书"竹谱"形容它"不柔不刚，非草非木……"；宋朝大文豪苏东坡评竹说"宁可食无肉，不可居无竹。无肉使人瘦，无竹令人俗"。竹类用途广泛，如食用竹笋、竹建筑、竹设施、竹划、竹篱笆、竹工具、竹器具、竹艺品、竹绘画、竹景观、制竹炭、造纸、制酒等，与衣、食、住、行、育、乐息息相关。

世界木本性竹类约有80属1 200种，主要分布于热带至亚热带低海拔湿润地区，仅有少数分布在温带地区或海拔3 800米以上之高山，包括：亚太地区、美洲地区、非洲地区等；亚太地区是世界产竹最丰富的区域，约有58属近1 000种，约占世界竹类总量72%；其中中国占43属700余种，约占世界竹类58%；其中6大经济竹材有麻竹、绿竹、孟宗竹、桂竹、长枝竹、箣竹。

竹类是单子叶植物，分为丛生竹和散生竹两大类。丛生竹类有地下茎合轴丛生型（如巨竹、麻竹、绿竹、长枝竹、金丝竹）、茎胫走出合轴丛生型（如梨竹、玉山竹）、地下茎横走侧出合轴丛生型（如岗姬竹、唐竹、台湾矢竹、寒竹）；散生竹类有地下茎横走侧出单秆散生型（如桂竹、石竹、方竹、孟宗竹、黑竹）。鉴别竹类之形态特征，包括：根茎、笋、秆、枝、箨、叶、花、果等，其中箨、叶之构造特殊，异于一般植物，因此构造之名词特别以图解说明供参考。

竹类形态特殊，目前在造园景观上之应用，可谓是冷门孤单的族群，公共工程、公园、道路或居家庭园多见点缀式植栽，变化多样的品种只能在标本园中见到，因此日后的发展空间很大。由于早期资讯不发达，研究竹类的专家学者不多，在分类上也常认定不一，导致一物多属、多名，交叉重叠混乱，增加初学者认识鉴别的困难。

竹子茎秆端直挺拔，竹叶四季常青，绿意盎然，在造园表现的意境上常象征高风亮节。其生性强健，刚柔并俱，雅俗共赏，无论单植、丛植、绿篱、地被或盆栽等，均能表现东方园林独具的风格。

在栽培管理方面，大多数竹类是阳性植物，喜好充足的阳光（日照70%～100%）；少数是中性植物（日照50%～100%），耐阴性较强。喜好高温者（生长适宜温度20～30℃），平地都适合栽培；喜好温暖耐高温者（生长适宜温度15～28℃），适合高冷地栽培，种植平地生长迟缓；喜好冷凉至温暖者（生长适宜温度

12～25℃），必须在高冷地或中海拔山区种植，平地高温生长不良。竹类繁殖可用播种、扦插或分株法，其中以分株最简易，全年均能育苗，春季尤佳。

竹箨 名词图解

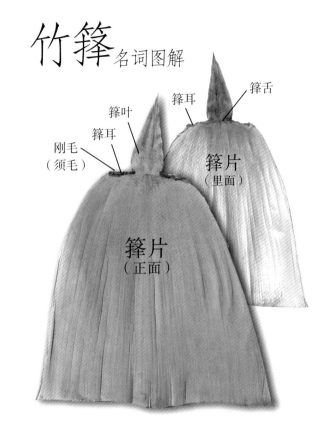

- 箨叶
- 箨耳
- 箨舌
- 箨耳
- 刚毛（须毛）
- 箨片（里面）
- 箨片（正面）

竹叶
名词图解

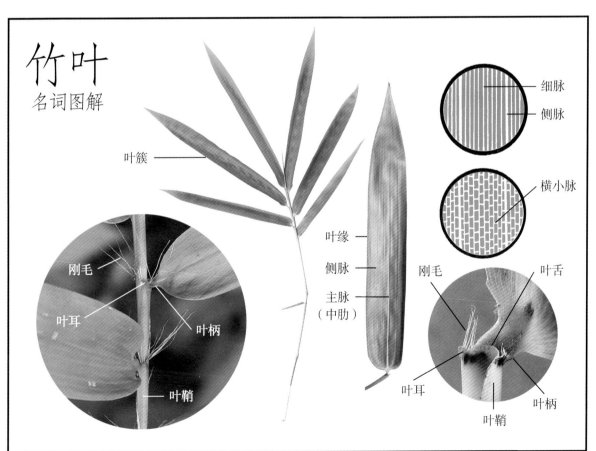

- 叶簇
- 刚毛
- 叶耳
- 叶柄
- 叶鞘
- 叶缘
- 侧脉
- 主脉（中肋）
- 细脉
- 侧脉
- 横小脉
- 刚毛
- 叶舌
- 叶耳
- 叶柄
- 叶鞘

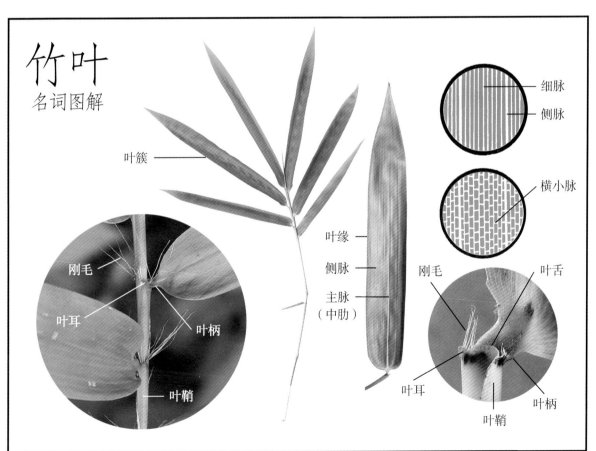

印度刺竹

▲印度刺竹·缅甸刺竹·簕竹（原产东南亚、印度）
Bambusa bambos（*Bambusa arundinacea*）

▲印度刺竹·缅甸刺竹·簕竹（原产东南亚、印度）
Bambusa bambos（*Bambusa arundinacea*）

▲吊丝球竹·南洋竹（原产中国）
Bambusa beecheyana（*Sinocalamus beecheyana*）

- ●**别名**：缅甸刺竹、簕竹。
- ●**植物分类**：簕竹属（*Bambusa*）。
- ●**产地**：亚洲东南部、印度热带地区。竹类标本园零星栽培。
- ●**形态特征**：大型丛生竹类。秆高10～22米，径5～14厘米；节间长25～45厘米，节环隆起，侧枝多数簇生，主枝粗长，枝节有2～3枚弯曲锐刺。箨片革质，表面密生黑褐色细毛，边缘有软毛；箨耳宽大，疏生黑褐色刚毛；箨叶卵状三角形，直立。叶一簇5～11枚，阔线状披针形，长6～20厘米，宽0.5～1.5厘米，叶背有毛，平行脉；叶缘有刺状毛，一边密生一边疏生；叶耳丛生刚毛。
- ●**用途**：园景美化、防风林、水土保持。竹笋可食用。竹秆可作建材、造纸、作支柱、制农具、编织等。
- ●**生长习性**：阳性植物。性喜高温、湿润、向阳之地，生长适宜温度20～30℃，日照70%～100%。耐热、耐旱、耐瘠。

吊丝球竹

- ●**别名**：南洋竹。
- ●**植物分类**：簕竹属（*Bambusa*）。
- ●**产地**：中国南部广东、广西、海南等热带地区。竹类标本园零星栽培。
- ●**形态特征**：大型丛生竹类。秆高6～15米，径6～12厘米，秆肉厚；节间长25～35厘米，秆分枝较高，每节侧枝3枚，渐成簇生。箨片革质，表面有黑褐色细毛；两边箨耳近等大，疏生刚毛；箨叶三角形或狭卵形。叶一簇6～12枚，椭圆状披针形，长13～30厘米，宽1.2～3厘米，平行脉；叶缘有刺状毛。
- ●**用途**：园景美化。竹笋可食用。竹秆可作建材，制农具、造纸等。
- ●**生长习性**：阳性植物。性喜高温、湿润、向阳之地，生长适宜温度20～30℃，日照70%～100%。生性强健、耐热、耐旱、耐风。

大头典竹

- **别名**：麻竹舅、大头甜竹。
- **植物分类**：箣竹属（*Bambusa*）。
- **产地**：中国广东、香港。竹类标本园、采笋食用零星栽培。
- **形态特征**：吊丝球竹的变种，大型丛生竹类。秆高6～18米，径5～14厘米；节间长20～40厘米，节环隆起，初生侧枝3枚。箨片顶部凹入，表面疏生细毛；箨耳疏生刚毛；箨叶小，三角形或椭圆状披针形。叶一簇7～15枚，长椭圆状披针形，长10～30厘米，宽1.5～6厘米，大小差异很大，细脉格子状；叶缘有刺状毛，一边密生，一边全缘或疏生。
- **用途**：园景美化。竹笋可食用，制笋干、罐头。叶片可酿酒。竹秆可作建材、制农具、造纸等。
- **生长习性**：阳性植物。性喜高温、湿润、向阳之地，生长适宜温度20～30℃，日照70%～100%。生性强健，耐热、耐旱、耐瘠。

▲ 大头典竹・麻竹舅・大头甜竹（原产中国）
Bambusa beecheyana var. *pubescens*

▲ 大头典竹・麻竹舅・大头甜竹（原产中国）
Bambusa beecheyana var. *pubescens*

▲ 吊丝球竹・南洋竹（原产中国）
Bambusa beecheyana (*Sinocalamus beecheyana*)

▲ 大头典竹可采收竹笋供食用

▲ 坭簕竹·坭箣竹（原产中国）
Bambusa dissimulator

▲ 花竹·火管竹·火吹竹（原产中国）
Bambusa dolichomerithalla

禾本科丛生竹类

坭簕竹

- **别名**：坭箣竹。
- **植物分类**：箣竹属（*Bambusa*）。
- **产地**：中国广东。竹类标本园零星栽培。
- **形态特征**：大型丛生竹类。秆高8～16米，径4～7厘米；节间长25～35厘米，节环隆起，基部1～2节常环生气根，初生侧枝3枚，渐增多数簇生，主枝粗壮，小枝有软刺或硬刺。秆箨早落，箨片近革质，表面平滑或疏生不明显细毛；箨耳两侧不等，疏生弯曲刚毛；箨叶卵形或卵状披针形，直立。叶一簇6～15枚，披针形，长7～20厘米，宽1～2.2厘米；叶缘近全缘或一边疏生刺状毛；叶耳不明显，偶有疏生刚毛。
- **用途**：园景美化、防风林。竹秆可作建材、造纸、作支柱、制农具、作棚架等。
- **生长习性**：阳性植物。性喜高温、湿润、向阳之地，生长适宜温度20～30℃，日照70%～100%。生性强健、耐热、耐旱、耐瘠。

禾本科丛生竹类

花竹

- **别名**：火管竹、火吹竹。
- **植物分类**：箣竹属（*Bambusa*）。
- **产地**：竹类标本园、园艺观赏零星栽培。
- **形态特征**：丛生竹类。竹秆平滑通直，秆高4～10米，径2～5厘米，幼秆具黄白色纵条纹，成熟渐消失；节间长22～55厘米，秆肉薄，侧枝多数簇生。秆箨早落，箨片厚革质，表面密生脱落性细毛；箨耳不明显；箨叶阔三角形，先端直立。叶一簇5～11枚，线状披针形，长10～25厘米，宽1.4～3.5厘米；叶缘有刺状毛，一边密生，一边疏生；幼叶之叶耳凸出，丛生刚毛，老熟脱落。
- **用途**：园景美化。早期农家常用竹秆吹风生火，因而取名"火管竹"。竹秆可供作支柱，制工艺品。
- **生长习性**：阳性植物。性喜高温、湿润、向阳之地，生长适宜温度20～30℃，日照70%～100%。生性强健、耐热、耐旱、耐瘠。

禾本科丛生竹类
金丝花竹

- **植物分类**：簕竹属（*Bambusa*）。
- **产地**：花竹的园艺栽培种。竹类标本园、园艺观赏零星栽培。
- **形态特征**：花竹的变种，丛生竹类。植株外形类似花竹，两者有差异：金丝花竹幼秆淡黄绿色，老秆橙黄色，具绿色纵条纹。

禾本科丛生竹类
银丝花竹

- **植物分类**：簕竹属（*Bambusa*）。
- **产地**：花竹的园艺栽培种。竹类标本园、园艺观赏零星栽培。
- **形态特征**：花竹的变种，丛生竹类。植株形似花竹，两者有差异：银丝花竹笋箨具乳黄色条纹，幼秆深绿色具乳白色纵条纹，2～3年以后条纹逐渐淡化消失。

▲花竹·火管竹·火吹竹（原产中国）
Bambusa dolichomerithalla

▲花竹·火管竹·火吹竹（原产中国）
Bambusa dolichomerithalla

▲金丝花竹（栽培种） *Bambusa dolichomerithalla* 'Green stripestem'

▲银丝花竹（栽培种）
Bambusa dolichomerithalla 'Silverstripe'

景观植物大图鉴③

113

▲ 长枝竹·桷仔竹（原产中国）
Bambusa dolichoclada

▲ 长枝竹·桷仔竹（原产中国）
Bambusa dolichoclada

▲ 长枝竹·桷仔竹（原产中国）
Bambusa dolichoclada

禾本科丛生竹类

长枝竹

- ●别名：桷仔竹。
- ●植物分类：箣竹属（*Bambusa*）。
- ●产地：中国台湾特有植物，原生于中、北部300米以下低海拔地区，常作耕地、农舍防风篱，台南龙崎有大面积造林。竹类标本园、园艺观赏零星栽培。
- ●形态特征：丛生竹类。竹秆通直，秆高7～20米，径5～10厘米，秆下部节上具一长枝；节间长20～50厘米，节环隆起，侧枝多数簇生。幼箨银绿色，秆箨早落，箨片厚革质，表面密生棕色柔毛；箨耳凸出，丛生刚毛；箨叶宽大，三角形。叶一簇5～13枚，线状披针形，长18～25厘米，宽1.2～3厘米，细脉平行；叶缘一边有刺状毛；叶耳丛生刚毛。
- ●用途：园景美化，滨海地区常作防风林。竹材优良，是编织工艺品的主要材料，并可制农具、器具。
- ●生长习性：阳性植物。性喜高温、湿润、向阳之地，生长适宜温度20～30℃，日照70%～100%。生性强健，耐热、耐旱、耐风。

禾本科丛生竹类

条纹长枝竹

- ●植物分类：箣竹属（*Bambusa*）。
- ●产地：长枝竹的园艺栽培种。竹类标本园、园艺观赏零星栽培。
- ●形态特征：丛生竹类。其特征：秆箨表面灰绿或淡绿色具淡黄色条纹；幼秆、小枝淡黄绿色，随生长逐渐转为金黄色，并具暗绿色纵条纹。

▲ 条纹长枝竹（栽培种）
Bambusa dolichoclada 'Stripe'

禾本科丛生竹类

乌脚绿竹

- **别名**：胡脚绿、乌脚绿。
- **植物分类**：箣竹属（*Bambusa*）。
- **产地**：中国台湾原生竹种，食用笋类品种之一，台湾北部如宜兰、基隆、台北、桃园、新竹等低海拔地区普遍栽培，园艺观赏零星栽培。
- **形态特征**：丛生竹类。秆高8～20米，径4～12厘米，秆略呈左右弯曲；节间长15～50厘米，幼株略弯曲。箨片革质，表面密生褐毛；箨耳细小，疏生短刚毛；箨叶三角形或卵状披针形，先端尖。叶一簇8～13枚，长椭圆形或阔披针形，长10～30厘米，宽2.5～4.5厘米，叶脉平行，叶背密生细毛；叶缘有刺状毛，一边密生一边疏生；叶耳有刺状短刚毛。
- **用途**：竹笋可食用，制笋干、罐头。竹秆可作建材，造纸，制家具、农具。
- **生长习性**：阳性植物。性喜高温、湿润、向阳之地，生长适宜温度18～30℃，日照70%～100%。生性强健，耐寒也耐热、耐旱、耐风。

▲ 乌脚绿竹·胡脚绿·乌脚绿（原产中国）
Bambusa edulis（*Sinocalamus edulis*）

▲ 乌脚绿竹·胡脚绿·乌脚绿（原产中国）
Bambusa edulis（*Sinocalamus edulis*）

▲ 条纹长枝竹（栽培种）
Bambusa dolichoclada 'Stripe'

▲ 乌脚绿竹之竹笋幼嫩可口，可鲜食、制笋干、罐头

▲硬头黄竹·水竹·撑篙竹·桃花竹（原产中国）
Bambusa fecunda（*Bambusa rigida*）

▲硬头黄竹·水竹·撑篙竹·桃花竹（原产中国）
Bambusa fecunda（*Bambusa rigida*）

▲长节竹·花眉竹（原产中国）
Bambusa longispculata

禾本科丛生竹类

硬头黄竹

● **别名**：水竹、撑篙竹、桃花竹。

● **植物分类**：簕竹属（*Bambusa*）。

● **产地**：中国西南部。竹类标本园、园艺观赏零星栽培。

● **形态特征**：丛生竹类。秆高6～12米，径5～10厘米，略呈左右弯曲；节间长20～40厘米，节环隆起，每节侧枝多数簇生，主枝粗长。秆箨早落，箨片革质，表面密生黑褐色细毛；箨耳丛生黑褐色刚毛；箨叶阔三角形至长三角形，直立，基部不凹入。叶一簇4～13枚，披针形，长10～15厘米，宽1～1.5厘米，叶脉平行；叶缘有刺状毛，一边密生一边疏生；叶耳细小有刚毛。

● **用途**：园景美化、防风林。可作建材、造纸、制农具。

● **生长习性**：阳性植物。性喜高温、湿润、向阳之地，生长适宜温度20～30℃，日照70%～100%。生性强健，耐寒也耐热、耐旱、耐风。

禾本科丛生竹类

长节竹

● **别名**：花眉竹。

● **植物分类**：簕竹属（*Bambusa*）。

● **产地**：中国南部。竹类标本园零星栽培。

● **形态特征**：丛生竹类。秆高6～12米，径3～5厘米；节间长25～35厘米，节之上下具白色毛环，节间偶有淡黄绿色纵条纹。秆箨早落，箨片革质，表面密布褐色细毛，幼箨偶有少数黄白色纵条纹；箨耳卵状椭圆形，两侧大小不对称，边缘疏生短刚毛。箨叶狭披针形或长三角形，直立或斜出，易脱落。叶一簇5～13枚，披针形至阔披针形，长10～18厘米，宽1.5～2.2厘米，叶背有短柔毛；叶缘有刺状毛，叶耳不明显。

● **用途**：园景美化。竹杆可作建材、支柱、制器具、农具、工艺品等。

● **生长习性**：阳性植物。性喜高温、湿润、向阳之地，生长适宜温度20～30℃，日照70%～100%。生性强健，耐寒也耐热、耐旱、耐瘠。

观音竹

- **别名**：孝顺竹、蓬莱竹。
- **植物分类**：簕竹属（*Bambusa*）。
- **产地**：亚洲热带地区，世界各地普遍栽培。耕地防风林、果园绿篱普遍栽培，园艺观赏零星栽培。
- **形态特征**：丛生竹类。竹秆通直，高1~6米，径1~3.5厘米；节间长12~32厘米，侧枝多数簇生。秆箨早落，箨片平滑无毛；箨耳疏生刚毛；箨叶长三角形，两边不对称。叶一簇5~18枚，披针形，长6~25厘米，宽1~2厘米，叶脉平行；叶缘有刺状毛，一边密生一边疏生；叶耳不明显，具少数刚毛。
- **用途**：园景美化、防风林、绿篱。竹秆可作支柱、制竹席、农具、工艺品等。
- **生长习性**：阳性植物。性喜高温、湿润、向阳之地，生长适宜温度20~30℃，日照70%~100%。生性强健、耐热、极耐寒、耐旱、抗风。

▲ 观音竹·孝顺竹·蓬莱竹（原产亚洲热带地区）
Bambusa multiplex（*Bambusa glaucescens*）

▲ 长节竹·花眉竹（原产中国）
Bambusa longispculata

▲ 观音竹·孝顺竹·蓬莱竹（原产亚洲热带地区）
Bambusa multiplex（*Bambusa glaucescens*）

▲ 小琴丝竹·花孝顺竹·七弦竹·苏枋竹（栽培种）*Bambusa multiplex* 'Alphonse Karri'

▲ 小琴丝竹·花孝顺竹·七弦竹·苏枋竹（栽培种）*Bambusa multiplex* 'Alphonse Karri'

▲ 凤凰竹·凤尾竹（栽培种）*Bambusa multiplex* 'Fernleaf' (Bambusa floribunda)

禾本科丛生竹类

小琴丝竹

- ●**别名**：花孝顺竹、七弦竹、苏枋竹。
- ●**植物分类**：簕竹属（*Bambusa*）。
- ●**产地**：观音竹的园艺栽培变种。竹类标本园、园艺景观普遍栽培。
- ●**形态特征**：丛生竹类。竹秆通直，高2～5米，径1～3厘米，表面橙黄色具暗绿色纵条纹；节间长12～32厘米，侧枝多数簇生。秆箨早落，箨片革质，幼箨表面黄绿色，具黄白色纵条纹；箨耳细小，疏生短刚毛；箨叶长三角形。叶一簇5～20枚，线状披针形，长6～25厘米，宽1～2厘米，叶面偶有黄白色纵条纹；叶缘一边密生刺状毛，另一边近全缘或疏生刺状毛。
- ●**用途**：园景美化、防风林、绿篱。竹秆可作饰物、制竹席、伞柄、工艺品等。
- ●**生长习性**：阳性植物。性喜高温、湿润、向阳之地，生长适宜温度20～30℃，日照70%～100%。耐热、耐旱、耐风。

禾本科丛生竹类

凤凰竹

- ●**别名**：凤尾竹。
- ●**植物分类**：簕竹属（*Bambusa*）。
- ●**产地**：观音竹的园艺栽培种，原产东南亚。果园绿篱、防风林零星栽培。竹类标本园、园艺景观零星栽培。
- ●**形态特征**：小型丛生竹类。秆高1～3米，径1～2厘米；节间长10～25厘米，侧枝多数簇生。秆箨革质，箨片平滑无毛；箨耳疏生短刚毛；箨叶长三角形。叶片短小密集羽状排列，一簇10～20枚或偶有30枚，卵状披针形，长2.5～6厘米，宽0.5～1厘米，基部圆形，叶脉平行；叶缘一边密生刺状毛，一边近全缘或疏生刺状毛。
- ●**用途**：园景美化、防风林、绿篱、盆栽。竹秆可制工艺品。
- ●**生长习性**：阳性植物。性喜高温、湿润、向阳之地，生长适宜温度20～30℃，日照70%～100%。生性强健、耐热、耐寒、耐旱、耐风。

禾本科丛生竹类

红凤凰竹

- ●**别名**：条纹凤凰竹、小叶琴丝竹。
- ●**植物分类**：簕竹属（*Bambusa*）。
- ●**产地**：观音竹的园艺栽培变种。竹类标本园、园艺景观零星栽培。
- ●**形态特征**：小形丛生竹类。植株外形与凤凰竹类似，两者有差异：红凤凰竹秆面黄色至黄红色具暗绿色纵条纹，或秆面暗绿色具黄色至黄红色纵条纹。

禾本科丛生竹类

凤翔竹

- ●**植物分类**：簕竹属（*Bambusa*）。
- ●**产地**：观音竹的园艺栽培种。竹类标本园零星栽培。
- ●**形态特征**：冬至早春期间，或修剪后萌发之新叶具白色纵条纹；秆面亦有少数白色纵条纹。

▲红凤凰竹·条纹凤凰竹·小叶琴丝竹（栽培种）
Bambusa multiplex 'Stripestem'

▲红凤凰竹·条纹凤凰竹·小叶琴丝竹（栽培种）
Bambusa multiplex 'Stripestem'

▲凤凰竹·凤尾竹（栽培种）
Bambusa multiplex 'Fernleaf'

▲凤翔竹（栽培种）
Bambusa multiplex 'Variegata'

绿竹

- **别名**：毛绿竹。
- **植物分类**：箣竹属（*Bambusa*）。
- **产地**：中国南部。为食用笋类主要品种，各地普遍栽培。
- **形态特征**：丛生竹类。秆高5～12米，径3～10厘米；节间长18～35厘米，侧枝多数簇生。秆箨迟落，箨片革质，光滑无毛；箨耳疏生刚毛；箨叶狭三角形，易脱落。叶一簇6～15枚，长椭圆状披针形，长15～30厘米，宽3～6厘米，叶缘有刺状毛；叶耳丛生刚毛。
- **用途**：竹笋可食用，夏季常作凉笋，纤维细嫩，甜脆爽口。竹材可造纸。竹秆可制家具、农具、工艺品。竹笋药用可止呕、清胃热；竹茹具解热功效。
- **生长习性**：阳性植物。性喜高温、湿润、向阳之地，生长适宜温度18～30℃，日照70%～100%。生性强健，耐热也耐寒、耐旱、耐风。

▲绿竹·毛绿竹（原产中国）
Bambusa oldhamii (*Sinocalamus oldhamii*)

▲绿竹·毛绿竹（原产中国）
Bambusa oldhamii (*Sinocalamus oldhamii*)

▲绿竹之竹笋纤维细嫩，甜脆爽口，为食用笋主要品种

▲米筛竹·八芝兰竹（原产中国）
Bambusa pachinensis

禾本科丛生竹类
米筛竹

- **别名**：八芝兰竹。
- **植物分类**：箣竹属（*Bambusa*）。
- **产地**：江西、福建、广东、广西、台湾。竹类标本园、园艺观赏零星栽培。
- **形态特征**：丛生竹类。秆高3~10米，径2~6厘米，秆肉薄；节间长20~70厘米，节环略隆起，侧枝多数簇生。箨片革质，表面密生黑褐色细毛；箨耳宽大，丛生刚毛；箨舌无毛；箨叶三角形，下部宽大微凹。叶一簇5~13枚，披针形，长10~20厘米，宽1.5~2.5厘米，平行脉，叶背密生柔毛；叶缘一边密生刺状毛；叶鞘近无毛；叶耳有长刚毛。
- **用途**：园景美化、防风林。可制农具、工艺品。
- **生长习性**：阳性植物。性喜温暖至高温、湿润、向阳之地，生长适宜温度15~30℃，日照70%~100%。生性强健，耐寒也耐热、耐旱、耐风。

▲ 米筛竹·八芝兰竹（原产中国）
Bambusa pachinensis

▲ 米筛竹·八芝兰竹（原产中国）
Bambusa pachinensis

禾本科丛生竹类
长毛米筛竹

- **别名**：长毛八芝兰竹。
- **植物分类**：箣竹属（*Bambusa*）。
- **产地**：米筛竹的变种，竹类标本园、园艺观赏零星栽培。
- **形态特征**：丛生竹类。外形类似米筛竹，两者有差异：箨舌有长毛（米筛竹箨舌无毛）；叶鞘密生细毛（米筛竹叶鞘无毛）。

▲ 长毛米筛竹·长毛八芝兰竹之叶鞘密生细毛（米筛竹叶鞘近无毛）

▲ 长毛米筛竹·长毛八芝兰竹（原产中国）
Bambusa pachinensis var. *hirsutissima*

▲ 箣竹・郁竹・大箣竹（原产中国、印度尼西亚、马来西亚）*Bambusa stenostachya* (*Bambusa blumeana*)

▲ 箣竹・郁竹・大箣竹（原产中国、印度尼西亚、马来西亚）*Bambusa stenostachya* (*Bambusa blumeana*)

▲ 箣竹・郁竹・大箣竹（原产中国、印度尼西亚、马来西亚）*Bambusa stenostachya* (*Bambusa blumeana*)

箣竹

- **别名**：郁竹、大箣竹。
- **植物分类**：箣竹属（*Bambusa*）。
- **产地**：中国、印度尼西亚、马来西亚热带地区。
- **形态特征**：大型丛生竹类。秆高6～25米，径5～15厘米，枝节具3枚坚硬弯曲短刺；节间长15～35厘米，节环隆起，侧枝交错横生。箨片表面密生黑褐色刺毛；箨耳宽大，丛生刚毛；箨叶长三角形。叶一簇5～9枚，线状披针形，长12～25厘米，宽0.8～2厘米；叶缘一边密生刺状毛，另一边近全缘或疏生锯齿状毛。每年早春更新叶片，落叶前转黄至橙黄色，丛丛竹林金黄亮丽，颇为壮观。
- **用途**：园景美化、防风林、水土保持。竹笋可食用。竹秆可供建筑、制器具、农具、工艺品。
- **生长习性**：阳性植物。性喜高温、湿润、向阳之地，生长适宜温度20～30℃，日照70％～100％。生性强健、耐热、耐旱、耐潮湿，基部长期淹水也能存活。

▲ 箣竹是少数落叶竹类之一，每年春季更新叶片，落叶前转黄至橙黄色

▲菊竹春季落叶前，山谷中丛丛竹林金黄亮丽，颇为壮观（台湾员林小岭顶）

禾本科丛生竹类

内门竹

●**别名**：恒春矢竹、恒春青篱竹。

●**植物分类**：菊竹属（*Bambusa*）。

●**产地**：原产地中国。竹类标本园、园艺观赏零星栽培。

●**形态特征**：小型丛生竹类。秆细长，高2~5米，径0.5~1厘米；节间长10~28厘米，侧枝多数簇生，枝叶纤细柔美。秆箨早落，箨片薄纸质，表面疏生细毛；箨叶线状披针形，老化易脱落。叶一簇2~10枚，线状披针形，长6~13厘米，宽0.5~1.2厘米，叶簇下垂，平行脉；叶鞘无毛；叶耳不明显。

●**用途**：园景美化、绿篱、盆栽。竹秆可制工艺品。

●**生长习性**：阳性植物。性喜高温、湿润、向阳之地，生长适宜温度22~32℃，日照70%~100%。耐热也耐旱。

▲内门竹·恒春矢竹·恒春青篱竹（原产中国）
Bambusa naibunensis

▲ 花眉竹·青竿竹（原产中国）
Bambusa tuldoides

▲ 花眉竹·青竿竹（原产中国）
Bambusa tuldoides

▲ 大耳竹·马甲竹（原产中国）
Bambusa tulda（*Bambusa lixin*）

禾本科丛生竹类

花眉竹

- **别名**：青竿竹。
- **植物分类**：簕竹属（*Bambusa*）。
- **产地**：中国广东、广西、香港等热带地区。竹类标本园零星栽培。
- **形态特征**：丛生竹类。秆高7～14米，径3～7厘米，幼秆被白粉，秆壁厚，近实心，细直修长；节间长20～55厘米，每节簇生多数侧枝，主枝粗长。秆箨早落，箨片表面无毛，顶端呈不对称圆拱形，两侧下斜；箨耳长卵形，两侧大小不对称，边缘有弯曲刚毛；箨叶狭三角形，直立。叶一簇5～8枚，披针形，长8～18厘米，宽1～2厘米，基部钝圆，叶背有柔毛；叶耳有少数刚毛。
- **用途**：园景美化。竹秆可作建材、支柱，制农具、编织等。
- **生长习性**：阳性植物。性喜高温、湿润、向阳之地，生长适宜温度20～30℃，日照70%～100%。耐热、耐旱、耐风。

禾本科丛生竹类

大耳竹

- **别名**：马甲竹。
- **植物分类**：簕竹属（*Bambusa*）。
- **产地**：中国大陆华南地区及西藏南部。竹类标本园零星栽培。
- **形态特征**：丛生竹类。秆高7～20米，径5～10厘米；节间长30～60厘米，侧枝多数簇生，主枝粗长。秆箨早落，箨片轻脆，表面密生棕褐色粗毛；箨耳两侧大小不对称，大耳长肾形，小耳卵形皱褶状，边缘密生刚毛；箨叶特大，阔卵形或心形，直立，基部圆形。叶一簇5～13枚，阔线状披针形，长15～25厘米，宽1.5～3.5厘米，叶背有细柔毛；叶缘有刺状毛；叶耳疏生刚毛。
- **用途**：园景美化、防风林。竹笋可食用。竹秆可作建材、制农具、编织等。
- **生长习性**：阳性植物。性喜高温、湿润、向阳之地，生长适宜温度20～30℃，日照70%～100%。耐热、耐旱、耐风。

条纹大耳竹

- ●**植物分类**：箣竹属（*Bambusa*）。
- ●**产地**：大耳竹的园艺栽培变种，竹类标本园、园艺观赏零星栽培。
- ●**形态特征**：丛生竹类。植株外形类似大耳竹，其差异：幼箨表面密被黑褐色粗毛；栽植于日照充足地点秆面呈黄绿色，具淡绿色纵条纹；略荫蔽地点秆面呈粉绿色，具黄色纵条纹。

▲ 条纹大耳竹（栽培种）
Bambusa tulda 'Stripestem'

▲ 条纹大耳竹（栽培种）
Bambusa tulda 'Stripestem'

▲ 大耳竹·马甲竹（原产中国）
Bambusa tulda（*Bambusa lixin*）

▲ 条纹大耳竹（栽培种）
Bambusa tulda 'Stripestem'

▲乌叶竹（原产中国）
Bambusa utilis

▲乌叶竹（原产中国）
Bambusa utilis

▲佛肚竹·佛竹·葫芦竹（原产中国）
Bambusa ventricosa

禾本科丛生竹类

乌叶竹

- **植物分类**：箣竹属（*Bambusa*）。
- **产地**：中国台湾。
- **形态特征**：丛生竹类。植株外形近似长枝竹，唯秆高和秆径较小，新鲜幼箨色泽不同。秆高3～14米，径2～7厘米；节间长15～50厘米，侧枝多数簇生。幼箨淡绿色，秆箨早落，箨片厚革质，表面密生黑褐色细毛；箨耳突出，一大一小，丛生刚毛；箨叶三角形或狭三角形，直立。叶一簇5～11枚，阔线状披针形，长10～23厘米，宽1.2～2.5厘米，叶背密生柔毛，叶脉平行；叶缘有刺状毛，一边密生，一边疏生；叶耳凸出，边缘有长刚毛。
- **用途**：园景美化、防风林、河岸护土。竹秆可供建筑、支柱、编织、制农具及工艺品等。
- **生长习性**：阳性植物。性喜温暖，耐高温、湿润、向阳之地，生长适宜温度18～30℃，日照70%～100%。生性强健，耐寒也耐热、耐旱也耐湿。

禾本科丛生竹类

佛肚竹

- **别名**：佛竹、葫芦竹。
- **植物分类**：箣竹属（*Bambusa*）。
- **产地**：中国广东，世界各地广泛栽培。
- **形态特征**：丛生竹类。正常竹株秆高2～9米，径1～5厘米，略呈左右弯曲，节间长25～50厘米。盆栽或土壤贫瘠干燥，导致竹秆畸形，节间变短而膨大，秆高0.3～1米，径1～3厘米，秆形似葫芦或佛肚。箨片表面无毛；箨耳不明显，疏生细刚毛。叶一簇5～13枚，披针形至卵状披针形，长10～22厘米，宽1.2～2.5厘米，叶缘具刺状毛；叶耳凸出，边缘疏生刚毛。
- **用途**：园景美化、盆栽。变形之竹秆可制饰物、工艺品等。
- **生长习性**：阳性植物。性喜温暖至高温、湿润、向阳之地，生长适宜温度18～30℃，日照70%～100%。耐寒也耐热、耐旱、耐瘠。

禾本科丛生竹类

金丝佛肚竹

- ●**别名**：黄金佛肚竹、金丝葫芦竹。
- ●**植物分类**：箣竹属（*Bambusa*）。
- ●**产地**：佛肚竹的园艺栽培种。
- ●**形态特征**：丛生竹类。植株类似佛肚竹，其差异：竹杆呈金黄色，具绿色纵条纹；叶片偶有出现白色纵条纹。

▲ 佛肚竹·佛竹·葫芦竹（原产中国）
Bambusa ventricosa

▲ 金丝佛肚竹·黄金佛肚竹·金丝葫芦竹（栽培种）*Bambusa ventricosa* 'Kimmei'

▲ 佛肚竹·佛竹·葫芦竹（原产中国）
Bambusa ventricosa

▲ 佛肚竹·佛竹·葫芦竹（原产中国）
Bambusa ventricosa

▲ 龙头竹·泰山竹·赤竹（原产马达加斯加、亚洲热带地区） *Bambusa vulgaris*

▲ 大佛肚竹·葫芦龙头竹·短节泰山竹（栽培种）
Bambusa vulgaris 'Wamin'

禾本科丛生竹类

龙头竹

- **别名**：泰山竹、赤竹。
- **植物分类**：箣竹属（*Bambusa*）。
- **产地**：非洲马达加斯、印度、马来西亚、缅甸、中国南部等热带地区。
- **形态特征**：大型丛生竹类。秆高8～18米，径5～15厘米；节间长20～40厘米，节环隆起，侧枝多数簇生。秆箨早落，箨片厚革质，表面密被黑褐色细毛，边缘无毛；箨叶三角形；箨耳块状凸出，形似猪耳，具弯曲短刚毛。叶一簇5～11枚，披针形或卵状披针形，长10～30厘米，宽1.8～3厘米，基部近圆形，细脉长格子状；叶缘有刺状毛，一边密生一边疏生；叶鞘无毛，叶耳卵状突出。
- **用途**：园景美化。竹秆可供建材、制农具、造纸、编织。药用可治烦热、水肿、血痰、小儿惊痫等。
- **生长习性**：阳性植物。性喜高温、湿润、向阳之地，生长适宜温度20～30℃，日照70%～100%。生性强健，耐热也耐寒、耐旱、耐风。

禾本科丛生竹类

大佛肚竹

- **别名**：葫芦龙头竹、短节泰山竹。
- **植物分类**：箣竹属（*Bambusa*）
- **产地**：龙头竹的园艺栽培种。
- **形态特征**：丛生竹类。秆高2～4米，径3～8厘米；节间短缩膨大，长8～15厘米，侧枝多数簇生，常自秆上部扇状扁平分生。

▲ 大佛肚竹·葫芦龙头竹·短节泰山竹（栽培种）
Bambusa vulgaris 'Wamin'

禾本科丛生竹类

黄金间碧竹

- **别名**：金丝竹。
- **植物分类**：箣竹属（*Bambusa*）。
- **产地**：龙头竹的园艺栽培种。
- **形态特征**：大型丛生竹类。秆、小枝橙黄色具暗绿色纵条纹；幼箨具淡黄色条纹。

▲黄金间碧竹·金丝竹（栽培种）
Bambusa vulgaris 'Vittata'

▲黄金间碧竹·金丝竹（栽培种）
Bambusa vulgaris 'Vittata'

▲大佛肚竹·葫芦龙头竹·短节泰山竹（栽培种）
Bambusa vulgaris 'Wamin'

▲黄金间碧竹·金丝竹（栽培种）
Bambusa vulgaris 'Vittata'

▲ 变叶竹（原产地不详）
Bambusa variegata（*Bambusa glaucifolia*）

▲ 变叶竹（原产地不详）
Bambusa variegata（*Bambusa glaucifolia*）

▲ 香糯竹·糯竹·纤细头穗竹（原产印度、缅甸、孟加拉、尼泊尔、中国）*Cephalostachyum pergracile*

变叶竹

- ●**植物分类**：簕竹属（*Bambusa*）。
- ●**产地**：广泛分布于亚洲热带地区，原产地不详。
- ●**形态特征**：小型丛生竹类。秆高1～3米，径1～2.5厘米，近基部各节略呈左右斜弯；节间长8～22厘米，节环隆起，每节侧枝多数簇生。秆箨早落，箨片革质，表面疏生脱落性刺毛；箨耳明显，疏生短刚毛或无毛；箨叶阔披针形，基部凹缩，直立。叶一簇4～15枚或更多，线状披针形或阔披针形，长5～15厘米，叶缘白色，叶面具乳白色纵条纹；叶缘细锯齿状，叶耳不明显。
- ●**用途**：园景美化、绿篱、盆栽、地被、修剪造型；枝叶生长密集，叶色清丽素雅。
- ●**生长习性**：阳性植物。性喜高温、湿润、向阳之地，生长适宜温度20～32℃，日照70%～100%。生性强健粗放，耐热、耐旱、耐风。

香糯竹

- ●**别名**：糯竹、纤细头穗竹。
- ●**植物分类**：头穗竹属（*Cephalostachyum*）。
- ●**产地**：亚洲西南部、中南半岛、中国等热带至亚热带地区。
- ●**形态特征**：丛生竹类。秆高7～12米，径3～7厘米，幼秆粉绿色，密被白色柔毛；节间长20～45厘米，秆壁薄，侧枝多数簇生。秆箨迟落，箨片厚革质，黄棕色，光泽明亮，表面有黑褐色刺毛。箨耳皱折，边缘密生卷曲刚毛。箨叶阔卵形或心形，背面下部有黑色短毛。叶一簇6～13枚，狭披针形，长15～35厘米，宽1.5～3.5厘米；叶缘有细齿。
- ●**用途**：园景美化。竹笋可食用。竹秆可供编织、造纸；云南傣族常用竹筒煮糯米饭，故称香糯竹。
- ●**生长习性**：阳性植物。性喜高温、湿润、向阳之地，生长适宜温度20～30℃，日照70%～100%。生性强健，耐热、耐旱、耐瘠。

寒竹·斑叶红寒竹

- **植物分类**：寒竹属、方竹属（*Chimonobambusa*）。
- **产地**：中国中部至西南部、日本。
- **形态特征**：小型散生竹类。秆高2～3米，径1～1.5厘米，秆面绿褐色至紫黑色，一边扁平具有浅纵沟；节间长8～15厘米，节环隆起，每节侧枝3枚。秆箨宿存，箨片纸质，表面有紫褐色斑纹；箨耳不明显，箨叶细小。叶一簇2～4枚或更多，披针形至狭披针形，长6～18厘米，宽0.6～1.6厘米；叶鞘无毛，叶耳有刚毛。园艺栽培种有斑叶红寒竹（花叶寒竹），秆面橙黄色至暗紫红色，具绿色纵条纹，叶面有白色纵条纹。
- **用途**：园景美化、地被、盆栽；竹株纤细，叶簇绢秀优美。竹秆柔软，可制马鞭。
- **生长习性**：中性植物。性喜温暖、湿润、略荫蔽之地，生长适宜温度15～25℃，日照50%～100%。耐寒不耐热、耐旱、耐阴，高温生长迟缓。

▲寒竹·黑刺竹（原产中国、日本）
Chimonobambusa marmorea

▲斑叶红寒竹·花叶寒竹（栽培种）
Chimonobambusa marmorea 'Variegata'

▲香糯竹·糯竹·纤细头穗竹（原产印度、缅甸、孟加拉、尼泊尔、中国）*Cephalostachyum pergracile*

▲斑叶红寒竹·花叶寒竹（栽培种）
Chimonobambusa marmorea 'Variegata'

▲刺黑竹（原产中国）
Chimonobambusa neopurpurea

禾本科散生竹类

刺黑竹

- **植物分类**：寒竹属、方竹属（*Chimonobambusa*）。
- **产地**：中国中部。
- **形态特征**：散生竹类。秆高3～7米，径1～4厘米，幼秆黑褐色或绿秆具紫褐色纵条纹，粗秆略呈方形；节间长10～18厘米，节上环生短刺，每节侧枝3枚。箨片薄纸质，表面紫褐色具灰白色斑块，上部疏生细毛，中部以下密生刺毛；箨耳不明显；箨叶细小不明显。叶一簇3～6枚，披针形或线状披针形，长6～18厘米，宽1.6～2.6厘米，细脉格子状；叶缘密生刺状毛，叶耳疏生少数刚毛。
- **用途**：园景美化、盆栽，秆姿奇特雅致，观赏价值高。竹笋可食用。竹秆可制饰物、工艺品。
- **生长习性**：中性植物。性喜温暖、湿润、略荫蔽之地，生长适宜温度15～25℃，日照50%～100%。耐寒、稍耐热、耐旱、耐阴，高冷地生长良好，高温生长迟缓。

▲四方竹·方竹·角竹（原产中国）
Chimonobambusa quadrangularis

禾本科散生竹类

四方竹

- **别名**：方竹、角竹。
- **植物分类**：寒竹属、方竹属（*Chimonobambusa*）。
- **产地**：中国南部。
- **形态特征**：散生竹类。秆高2～6米，径1～3.5厘米，外部略呈四角形，表面粗糙或具刺状突起；节间长6～20厘米，节上环生短刺，侧枝初生3枚，日后渐增多数。秆箨早落，箨片厚纸质，表面无毛；不具箨耳、箨舌、箨叶。叶一簇3～5枚，狭披针形，长10～20厘米，宽1～2厘米；叶缘有刺状毛。
- **用途**：园景美化、盆栽；竹秆奇特，清新脱俗。竹笋可食用。竹秆可供建筑，制工艺品、饰品。
- **生长习性**：中性植物。性喜冷凉至温暖、湿润、略荫蔽之地，生长适宜温度12～25℃，日照50%～70%。耐寒不耐热、耐旱、耐阴，高冷地或中海拔栽培为佳，高温生长不良。

龙竹

- **别名**：巨竹、印度麻竹。
- **植物分类**：麻竹属、牡竹属（*Dendrocalamus*）。
- **产地**：亚洲热带地区，世界各地普遍栽培。
- **形态特征**：世界最大竹种，大型丛生竹类。秆高20～30米，径20～30厘米；节间长30～45厘米，节环隆起，侧枝多数簇生。箨片疏生细毛，箨耳长条形；箨叶狭三角形或卵状披针形。叶一簇5～15枚，长椭圆状披针形，长15～45厘米，宽2.5～6厘米，叶背有细毛，细脉格子状；叶缘有小锯齿；叶鞘无毛。
- **用途**：园景美化，竹秆巨大，引人注目。竹笋可食用，竹叶可酿酒。竹材优良，可供建筑、造纸、制器具、农具、竹筏、工艺品等。
- **生长习性**：阳性植物。性喜高温、湿润、向阳之地，生长适宜温度22～32℃，日照70%～100%。生性强健，耐热、耐旱、耐瘠。

▲龙竹·巨竹·印度麻竹（原产印度、泰国、缅甸） *Dendrocalamus giganteus*

▲龙竹·巨竹·印度麻竹（原产印度、泰国、缅甸） *Dendrocalamus giganteus*

▲四方竹·方竹·角竹（原产中国）
Chimonobambusa quadrangularis

▲龙竹·巨竹·印度麻竹（原产印度、泰国、缅甸） *Dendrocalamus giganteus*

▲ 麻竹·甜竹（原产中国、缅甸）
Dendrocalamus latiflorus

麻竹

- **别名**：甜竹。
- **植物分类**：麻竹属、牡竹属（*Dendrocalamus*）。
- **产地**：中国南部、缅甸北部。
- **形态特征**：大型丛生竹类。秆高可达20米，径8～20厘米；节间长20～70厘米。秆箨早落，箨片革质，质硬脆，表面密布脱落性刺毛，边缘无毛；箨耳不明显；箨叶尖卵形，老化常反折脱落。叶一簇5～12枚，椭圆状披针形，长20～40厘米，宽2.5～8厘米，叶脉平行；叶缘一边密生刺状毛。
- **用途**：园景美化。竹笋品质优良，用途广泛，可鲜食，制笋干、桶笋或罐头。竹材较脆，可供造纸，竹秆可制农具、竹筏、工艺品等。竹叶为竹类最宽大之品种，可供包裹粽子、酿酒。
- **生长习性**：阳性植物。性喜高温、湿润、向阳之地，生长适宜温度23～33℃，日照70%～100%。生性强健，耐热也耐寒、耐旱、耐风。

▲ 麻竹笋是食用笋栽培面积最广之竹种，可鲜食、制笋干、桶笋或罐头

▲ 麻竹叶是竹类最宽大的品种，可包粽子、酿酒

禾本科丛生竹类

美浓麻竹

- ●**植物分类**：麻竹属、牡竹属（*Dendrocalamus*）。
- ●**产地**：麻竹的园艺栽培种。
- ●**形态特征**：大型丛生竹类。竹株类似麻竹，叶片宽大，秆及枝表面淡黄色、淡绿色或金黄色，具有深绿色纵条纹；笋箨表面有淡黄白色条纹。

禾本科丛生竹类

葫芦麻竹

- ●**植物分类**：麻竹属、牡竹属（*Dendrocalamus*）。
- ●**产地**：麻竹的园艺栽培种。
- ●**形态特征**：大型丛生竹类。畸形秆节间短而膨大，节环凹入，形似葫芦。变形之竹秆可制饰品、工艺品。

▲ 美浓麻竹（栽培种），摄于1998年7月，秆面呈金黄色 *Dendrocalamus latiflorus* 'Mei-nung'

▲ 葫芦麻竹（栽培种）
Dendrocalamus latiflorus 'Subconvex'

▲ 美浓麻竹同一竹丛秆面色泽变化颇大，摄于2010年3月，新秆淡黄或淡黄绿色（台湾南投）

禾本科 POACEAE (GRAMINEAE)

景观植物大图鉴③

135

▲ 版纳甜龙竹·哈弥尔顿氏麻竹（原产中国、印度、缅甸、尼泊尔） *Dendrocalamus hamiltonii*

版纳甜龙竹

- ●别名：哈弥尔顿氏麻竹。
- ●植物分类：麻竹属、牡竹属（*Dendrocalamus*）。
- ●产地：印度、缅甸、尼泊尔、中国云南西双版纳。
- ●形态特征：大型丛生竹类。秆高12～18米，径10～18厘米，幼秆灰白色；节间长30～50厘米，节环隆起，侧枝多数簇生，常有一主枝或无主枝。秆箨早落，箨片厚革质，表面疏生脱落性刺毛，顶部平截；箨耳不明显；箨叶卵状披针形，幼秆阔披针形与箨片几乎等长。叶一簇6～12枚，阔披针形，长20～40厘米，宽3～7厘米，大小差异颇大，叶背粗糙；叶缘有细锯齿；叶耳不明显。
- ●用途：园景美化。竹笋可食用。竹秆可供建筑、造纸，制器具、农具、竹筏、工艺品等。
- ●生长习性：阳性植物。性喜高温、湿润、向阳之地，生长适宜温度22～32℃，日照70%～100%。耐热、耐旱。

缅甸麻竹

- ●别名：黄竹。
- ●植物分类：麻竹属、牡竹属（*Dendrocalamus*）。
- ●产地：印度、缅甸东部、中国西南部等热带至亚热带地区。
- ●形态特征：中型丛生竹类。秆高8～12米，径6～11厘米，基部节上环生气根；节间长20～40厘米，节环明显，每节侧枝多数簇生，主枝3枚。秆箨早落，箨片表面具脱落性褐色细毛，箨耳边缘有刚毛；箨叶阔披针形，常反折。叶一簇4～8枚或更多，披针形或阔披针形，长12～25厘米，宽1.5～2.5厘米，叶缘一边密生刺状毛。
- ●用途：园景美化。竹笋可食用。竹材强韧优良，可供建筑、支柱、编织、农具。
- ●生长习性：阳性植物。性喜高温、湿润、向阳之地，生长适宜温度22～32℃，日照70%～100%。耐热、耐旱、耐风。

▲ 版纳甜龙竹·哈弥尔顿氏麻竹（原产中国、印度、缅甸、尼泊尔） *Dendrocalamus hamiltonii*

马来麻竹

- **别名**：马来甜龙竹。
- **植物分类**：麻竹属、牡竹属（*Dendrocalamus*）。
- **产地**：马来西亚、印度尼西亚、菲律宾、泰国、缅甸等热带地区。
- **形态特征**：大型丛生竹类。秆高15～20米，径6～15厘米，基部数节环生气根；节间长30～50厘米，节环隆起，上下有淡棕色毛环，侧枝分生较高，主枝特粗。秆箨早落，箨片表面具灰白色或棕色细毛；箨耳狭长，边缘有刚毛；箨叶卵状披针形，常皱褶反折。叶一簇6～10枚，阔披针形，长20～30厘米，宽1.5～3.5厘米，基部圆钝或歪斜，叶背有细毛。叶鞘有细毛，无叶耳。
- **用途**：园景美化。竹笋可食用。竹材强韧优良，可供建筑、支柱、棚架、造纸。
- **生长习性**：阳性植物。性喜高温、湿润、向阳之地，生长适宜温度20～30℃，日照70%～100%。耐热、耐旱、耐瘠。

▲马来麻竹·马来甜龙竹（原产东南亚）
Dendrocalamus asper

▲马来麻竹·马来甜龙竹（原产东南亚）
Dendrocalamus asper

▲缅甸麻竹·黄竹（原产中国、印度、缅甸）
Dendrocalamus membranaceus

▲缅甸麻竹·黄竹（原产中国、印度、缅甸）
Dendrocalamus membranaceus

▲ 牡竹·印度实竹（原产东南亚）
Dendrocalamus strictus

▲ 牡竹秆肉很厚，近基部之秆仅有一小圆孔或近实心

▲ 紫箨藤竹幼株秆暗紫红色，表面有粗糙逆刺。叶片宽大，长卵形至卵状阔披针形

禾本科丛生竹类

牡竹

- **别名**：印度实竹。
- **植物分类**：麻竹属、牡竹属（*Dendrocalamus*）。
- **产地**：印度、缅甸、马来西亚、不丹、尼泊尔、斯里兰卡。
- **形态特征**：丛生竹类。秆高6～15米，径3～6厘米，秆肉厚或近实心；节间长15～35厘米，侧枝多数，主枝3枚。秆箨早落，箨片革质，表面密生棕褐色细刺毛；箨耳不明显；箨叶卵状三角形，直立，基部与箨片先端近同宽，边缘有毛。叶一簇6～15枚，狭披针形，长12～30厘米，宽1～2.5厘米，叶脉平行，叶背有短柔毛；叶缘一边有刺状毛，一边有小锯齿。
- **用途**：园景美化。竹笋可食用。竹秆厚重坚实，可供建筑、制家具、器具或工艺品。
- **生长习性**：阳性植物。性喜高温、湿润、向阳之地，生长适宜温度22～32℃，日照70%～100%。耐热、耐旱、耐风。

禾本科丛生攀缘性竹类

紫箨藤竹

- **植物分类**：藤竹属（*Dinochloa*）。
- **产地**：泰国、马来西亚热带地区。为世界稀有之蔓性竹类。
- **形态特征**：丛生攀缘性竹类。秆曲折呈藤蔓状，高可达30米以上，径1～5厘米；幼秆暗紫红色，表面有逆向刺毛，触摸粗糙感；成株表面绿色，略带紫褐色；箨环特别宽大，紫黑色；节间长20～40厘米，节环隆起，上部侧枝多数簇生。秆箨厚革质，幼箨暗紫红色，表面密布细毛，老熟平滑无毛，箨耳不明显。叶一簇5～10枚，幼株叶片较宽大，长椭圆形至卵状阔披针形，成株披针形，长10～20厘米，宽1.3～3.5厘米，叶鞘密生细毛，叶耳丛生刚毛；叶缘有刺状毛。
- **用途**：园景美化。竹秆可制工艺品。
- **生长习性**：中性植物。性喜高温、湿润、向阳至略荫蔽之地，生长适宜温度22～32℃，日照50%～100%。耐热、耐旱、耐阴，半日照之地点生长亦良好。

马来硕竹

- **别名**：爪哇巨竹。
- **植物分类**：硕竹属（*Gigantochloa*）。
- **产地**：马来半岛、泰国、印度尼西亚、爪哇等热带地区。
- **形态特征**：丛生竹类。秆高8～16米，径5～8厘米，幼秆密被脱落性白色细毛；节间长20～40厘米，每节侧枝多数簇生，主枝细长。秆箨迟落，箨片革质，表面密生棕褐色刺毛；箨耳细小，疏生灰白色细须毛；箨叶长三角形或卵状披针形，直立或反折。叶片宽大，一簇8～14枚，椭圆状披针形或线状披针形，长15～35厘米，宽2～7厘米，细脉格子状；叶缘有锯齿状刺毛，叶耳无毛。
- **用途**：园景美化。竹秆可供建筑、造纸、编织，制家具、农具。
- **生长习性**：阳性植物。性喜高温、湿润、向阳之地，生长适宜温度22～32℃，日照70%～100%。耐热、耐旱、耐风。

▲ 马来硕竹·爪哇巨竹（原产马来半岛、泰国、印度尼西亚） *Gigantochloa apus*

▲ 马来硕竹·爪哇巨竹（原产马来半岛、泰国、印度尼西亚） *Gigantochloa apus*

▲ 紫箨藤竹（原产泰国、马来西亚） *Dinochloa scandens*

▲ 紫箨藤竹之秆曲折不直，箨环特别宽大，呈紫黑色，节环凸起明显为辨识重要特征

▲毛笋竹·菲律宾硕竹（原产中国、菲律宾、马来半岛） *Gigantochloa levis*

▲毛笋竹·菲律宾硕竹（原产中国、菲律宾、马来半岛） *Gigantochloa levis*

▲南美刺竹·南美蓟竹（原产哥伦比亚、厄瓜多尔、巴拉圭） *Guadua angustifolia*

禾本科丛生竹类

毛笋竹

- **别名**：菲律宾硕竹。
- **植物分类**：硕竹属（*Gigantochloa*）。
- **产地**：马来半岛、菲律宾、中国等热带地区。
- **形态特征**：丛生竹类。秆高10～16米，径8～13厘米；节间长25～45厘米，幼秆密被灰白色柔毛；侧枝多数簇生，主枝不明显。秆箨早落，箨片厚革质，表面密生棕褐色刺毛，边缘有长毛；箨耳上端簇生刚毛；箨叶卵状披针形，常反折。叶一簇6～15枚或更多，长椭圆形或阔披针形，长15～28厘米，宽1.8～3.5厘米，基部圆形，细脉格子状；叶缘一边密生刺状毛；叶鞘无毛；叶耳不明显。
- **用途**：园景美化。竹笋可食用。竹秆可供建筑、编织、造纸，制家具、竹器等。
- **生长习性**：阳性植物。性喜高温、湿润、向阳之地，生长适宜温度22～32℃，日照70%～100%。耐热、耐旱、耐风。

禾本科丛生竹类

南美刺竹

- **别名**：南美蓟竹。
- **植物分类**：南美刺竹属（*Guadua*）。
- **产地**：中美洲、南美洲热带至亚热带地区。
- **形态特征**：丛生竹类。秆高10～20米，径10～15厘米，节环具白色柔毛；节间长20～30厘米，节环略隆起，每节侧枝多数簇生，具粗壮主枝1枚，节上有弯曲锐刺。秆箨早落，箨片革质，表面密生棕褐色细毛；箨耳不明显；箨叶三角形，直立。叶一簇6～12枚或更多，幼株叶较宽短，披针形或椭圆状披针形，长12～20厘米，宽1.5～4.5厘米，大小差异很大，叶脉平行；叶缘一边密生刺状毛。
- **用途**：园景美化。竹秆可供建筑、桥梁、鹰架、竹筏、造纸，制农具、水管。
- **生长习性**：阳性植物。性喜高温、湿润、向阳之地，生长适宜温度20～30℃，日照70%～100%。耐热、耐旱、耐风。

粉单竹

- **植物分类**：箣竹属（*Bambusa*）。
- **产地**：中国福建、广东、广西、云南、海南等热带至亚热带地区。
- **形态特征**：丛生竹类。秆高7～10米，径4～6厘米，表面黄绿色，幼秆密被厚层白粉，节环具棕褐色刺毛，秆肉薄；节间长40～80厘米，侧枝分生较高，多数簇生，小枝纤细；秆箨早落，箨片革质，表面疏生脱落性棕褐色刺毛；箨耳长椭圆形，边缘有刚毛；箨叶卵状披针形，常反折。叶一簇6～8枚，披针形至线状披针形，长8～20厘米，宽1.2～2.2厘米，大小差异大，基部歪斜，两侧不等；叶缘有刺状毛，叶鞘光滑无毛，叶耳有刚毛。
- **用途**：园景美化，竹姿清秀柔美。竹材优良，为编织工艺品、制竹器之上等材料。
- **生长习性**：阳性植物。性喜高温、湿润、向阳之地，生长适宜温度20～30℃，日照70%～100%。耐热、耐旱、耐瘠。

▲粉单竹（原产中国）
Bambusa chungii（Lingnania chungii）

▲南美刺竹·南美箣竹（原产哥伦比亚、厄瓜多尔、巴拉圭） *Guadua angustifolia*

▲南美刺竹·南美箣竹（原产哥伦比亚、厄瓜多尔、巴拉圭） *Guadua angustifolia*

▲南美刺竹·南美箣竹（原产哥伦比亚、厄瓜多尔、巴拉圭） *Guadua angustifolia*

▲ 梨竹（原产中国、印度、孟加拉、缅甸）
Melocanna baccifera (*Melocanna bambusoides*)

▲ 梨竹箨片硬革质，箨叶线形或线状披针形。果实卵形或梨形，径可达6厘米以上

梨竹

- ●**植物分类**：梨竹属（*Melocanna*）。
- ●**产地**：中国、印度、孟加拉、缅甸热带地区。
- ●**形态特征**：丛生竹类。秆高10～18米，径4～9厘米；节间长30～65厘米，节环隆起，小枝多数簇生。秆箨宿存，箨片硬革质，表面具淡白色细毛，顶部凹入，两侧角状隆起；箨耳细小不明显；箨叶线形或线状披针形，基部窄小，反折。叶一簇5～15枚，披针形或椭圆状披针形，长16～38厘米，宽2～8厘米，细脉格子状；叶耳不明显，叶鞘无毛。果实卵形或梨形，长可达12厘米，径6厘米以上，为竹类结实最大者，甚为奇特。
- ●**用途**：园景美化。竹笋、果实可食用。竹秆可供编织、造纸、制工艺品。
- ●**生长习性**：阳性植物。性喜高温、湿润、向阳之地，生长适宜温度22～32℃，日照70%～100%。耐热、耐旱、耐瘠。

柳叶竹

- ●**植物分类**：狭叶竹属（*Nastus*）。
- ●**产地**：非洲马达加斯加热带地区。
- ●**形态特征**：小型丛生竹类。秆高1～2.5米，径0.8～1.3厘米；节间长6～15厘米，节环隆起，每节侧枝3～5枚，小枝绿褐色至紫褐色。秆箨早落或迟落，箨片纸质，表面无毛或疏生脱落性细毛；箨耳细小不明显；箨叶线形或线状披针形。叶簇下垂，一簇5～12枚，狭线形或线状披针形，先端锐尖，基部渐尖，长6～12厘米或更长，宽0.3～0.7厘米，叶面无毛，叶背疏生细柔毛；叶鞘平滑无毛；叶耳不明显，边缘有刚毛。
- ●**用途**：园景美化、盆栽；叶片狭细如柳，竹姿异雅，风格独具。
- ●**生长习性**：阳性植物。性喜高温、湿润、向阳之地，生长适宜温度22～32℃，日照70%～100%。耐热、耐旱、耐风。

人面竹

- **别名**：罗汉竹。
- **植物分类**：毛竹属、刚竹属（*Phyllostachys*）。
- **产地**：中国黄河流域以南诸省。
- **形态特征**：散生竹类。秆高3～7米，径2～5厘米，秆面一边扁平状；正常秆外形酷似桂竹，节间长10～26厘米，每节侧枝2枚；畸形秆之节间缩短膨大，节环歪斜相连而呈龟甲状。秆箨早落，箨片厚纸质，表面无毛，疏生褐色斑块或小斑点；箨叶披针形，细小曲皱，常反折。叶一簇1～3枚或更多，披针形，长6～12厘米，宽1～1.5厘米，细脉格子状；叶缘一边密生锯齿状刺毛。
- **用途**：园景美化、盆栽。竹笋可食用。竹秆可供建筑、编织、制家具、工艺品。畸形秆形态奇特美观，可制钓竿、烟杆、伞柄、手杖等。
- **生长习性**：阳性植物。性喜温暖、湿润、向阳之地，生长适宜温度15～28℃，日照70％～100％。耐寒、不耐热，冷凉环境生长良好，高温生长迟缓或不易萌发畸形秆。

▲人面竹·罗汉竹（原产中国）
Phyllostachys aurea

▲柳叶竹（原产马达加斯加）
Nastus manongarivensis

▲人面竹·罗汉竹（原产中国）
Phyllostachys aurea

桂竹

▲桂竹·刚竹（原产中国、日本）
Phyllostachys bambusiodes

- **别名**：刚竹。
- **植物分类**：刚竹属、毛竹属（*Phyllostachys*）。异名*Phyllostachys reticulata*
- **产地**：中国大陆中部、日本温暖地区。
- **形态特征**：散生竹类。秆高6～20米，径6～15厘米，新秆绿色无白粉，秆面一边扁平状或略具纵沟；节间长20～30厘米，节环隆起，每节侧枝2枚。秆箨早落，箨片革质，具紫褐色斑点或小斑块；箨叶线状披针形，常反折；箨耳明显，边缘有刚毛。叶一簇3～5枚，披针形或长椭圆状披针形，长8～15厘米，宽1.5～2厘米，细脉格子状；叶缘一边密生刺状毛，一边全缘；幼叶之叶耳有刚毛。
- **用途**：园景美化。竹笋可食用，加工制笋干或罐头。竹材品质优良，可供编织、竹篱、工艺品等。
- **生长习性**：阳性植物。性喜温暖、湿润、向阳之地，生长适宜温度15～25℃，日照70%～100%。耐寒不耐热，冷凉环境生长良好，高温生长不良。

▲桂竹·刚竹（原产中国、日本）
Phyllostachys bambusiodes

台湾桂竹

- **植物分类**：刚竹属、毛竹属（*Phyllostachys*）。
- **产地**：中国台湾。
- **形态特征**：散生竹类。秆高5～15米，径2～10厘米，秆面一边扁平或纵沟状；节间长12～40厘米，节环隆起，每节侧枝2枚。秆箨早落，箨片革质，表面疏生柔毛，并具紫褐色斑点或斑块；幼秆箨耳丛生刚毛；箨叶线状披针形。叶一簇2～3枚，偶有4～5枚，卵状披针形，长5～15厘米，宽1～2厘米，细脉格子状；叶缘一边密生锯齿状刺毛，另一边全缘。
- **用途**：园景美化，竹姿清秀雅致。竹笋可食用。竹秆用途广泛，可供建筑、支柱、造纸、编织、家具、农具、竹炭、竹帘、竹筷、工艺品。箨片可制斗笠。
- **生长习性**：阳性植物。性喜温暖至高温、湿润、向阳之地，生长适宜温度18～28℃，日照70%～100%。生性强健，耐寒也耐热、耐旱、耐风。

▲台湾桂竹（原产中国）
Phyllostachys makinoi

条纹台湾桂竹

- **别名**：黄金桂竹。
- **植物分类**：刚竹属、毛竹属（*Phyllostachys*）。
- **产地**：台湾桂竹的园艺栽培变种。
- **形态特征**：散生竹类。其特征：叶片偶有黄白色纵条纹；秆和小枝表面橙黄色，秆面和芽沟具暗绿色纵条纹。

▲ 台湾桂竹笋长圆柱形，笋箨表面具紫褐色斑块，笋味鲜美，可食用

▲ 条纹台湾桂竹·黄金桂竹（栽培种）
Phyllostachys makinol 'Stripestem'

▲ 台湾桂竹是在我国台湾栽培面积最大之竹材品种，竹秆用途广泛

▲ 台湾桂竹（原产中国）
Phyllostachys makinoi

▲ 石竹·轿杠竹（原产中国）
Phyllostachys lithophila

▲ 石竹笋俗称石篙笋，质脆味美，产期比桂竹稍晚

禾本科散生竹类

石竹

- **别名**：轿杠竹。
- **植物分类**：刚竹属、毛竹属（*Phyllostachys*）。
- **产地**：中国。
- **形态特征**：散生竹类。外形与桂竹类似，秆高4～16米，径4～12厘米，秆面一边扁平状；节间长10～40厘米，节环隆起，每节侧枝2枚。秆箨早落，箨片革质，表面具紫褐色斑点或小斑块；箨耳细小，具长刚毛。叶一簇2～3枚，偶有4～5枚，披针形或椭圆状披针形，长8～20厘米，宽1.2～2厘米；叶缘一边密生锯齿状刺毛，另一边全缘。
- **用途**：园景美化。竹笋可食用。早年竹秆为轿杠用材，可供建筑、编织、家具、农具、工艺品等。
- **生长习性**：阳性植物。性喜温暖、湿润、向阳之地，生长适宜温度12～25℃，日照70%～100%。耐寒不耐热，冷凉环境生长良好，高温生长不良。

禾本科散生竹类

紫竹

- **别名**：黑竹、乌竹。
- **植物分类**：刚竹属、毛竹属（*Phyllostachys*）。异名*Phyllostachys nigripes*。
- **产地**：中国湖北、江苏、浙江、福建等地。
- **形态特征**：散生竹类。秆高2～5米，径1～3厘米，幼秆绿色，随生长渐具黑紫色斑点，3年以上呈黑紫色；节间长12～25厘米，节环隆起，每节侧枝2枚。秆箨早落，幼箨淡黄绿色至紫绿色，厚纸质，表面有黑色斑点；箨耳长椭圆形，顶端有黑色刚毛。叶一簇2～3枚或更多，披针形，长6～12厘米，宽1～1.5厘米；叶缘有刺状毛，一边密生一边疏生；叶耳细小，具数枚长刚毛。
- **用途**：园景美化、盆栽。竹秆黑紫色，珍奇异雅，可供装饰或制家具、乐器、工艺品等。
- **生长习性**：阳性植物。性喜温暖耐高温、湿润、向阳之地，生长适宜温度15～28℃，日照70%～100%。耐寒、耐旱，冷凉环境长生良好，高温生长迟缓。

禾本科散生竹类

裸箨竹

● **别名**：净竹。

● **植物分类**：刚竹属、毛竹属（*Phyllostachys*）。

● **产地**：中国安徽、湖南、浙江、江苏、福建等地。

● **形态特征**：散生竹类。秆高4～8米，径1.5～3厘米，秆面一边具2浅纵沟，幼秆有紫脉；节间长15～25厘米，节环隆起，每节侧枝2枚。秆箨早落，箨片革质，表面光滑无毛，具紫褐色斑块；箨耳不明显；箨叶阔线形或线状披针形，直立或先端下垂。叶一簇3～5枚，披针形，长8～12厘米，宽1～1.5厘米；叶缘有刺状毛，一边密生一边疏生或全缘；叶鞘平滑无毛，叶耳不明显。

● **用途**：园景美化、绿篱。竹笋可食用。竹秆可供篱柱用材、家具、器具等。

● **生长习性**：阳性植物。性喜温暖耐高温、湿润、向阳之地，生长适宜温度15～28℃，日照70%～100%。耐寒、耐旱、耐风，冷凉环境生长良好，高温生长迟缓或不良。

▲ 裸箨竹·净竹（原产中国）
Phyllostachys nuda

▲ 裸箨竹幼秆蓝绿色，表面密被白粉。笋箨具紫褐色斑块

▲ 紫竹·黑竹·乌竹（原产中国）
Phyllostachys nigra（Phyllostachys nigripes）

▲ 紫竹·黑竹·乌竹（原产中国）
Phyllostachys nigra（Phyllostachys nigripes）

毛竹

- **别名**：孟宗竹、猫儿竹。
- **植物分类**：刚竹属、毛竹属（*Phyllostachys*）。
- **产地**：中国江南诸省。为竹材和食用笋类主要品种。
- **形态特征**：散生竹类。秆高4～20米，径5～18厘米，秆面一边具2条浅纵沟；节间长18～40厘米，节环隆起，每节侧枝2枚。秆箨早落，箨片薄革质，表面红褐色具暗紫褐色小斑块，并密被细褐毛，边缘有细毛；箨叶披针形；箨耳不明显，具丛生刚毛。叶一簇2～4枚或更多，阔线状披针形，长4～12厘米，宽0.5～1.5厘米，细脉格子状；叶缘一边密生锯齿状刺毛，一边全缘或疏生粗刺状毛。
- **用途**：园景美化，竹高亮节，清幽雅致。竹笋可食用，冬季生产的竹笋称"冬笋"。竹秆用途广泛，可供建筑、支柱、编织、器具、家具、竹炭、工艺品等。竹枝可制扫帚。根茎制工艺品，箨片制斗笠。
- **生长习性**：阳性植物。性喜温暖、湿润、向阳之地，生长适宜温度12～25℃，日照70%～100%。耐寒不耐热，高温生长不良。

▲毛竹·孟宗竹·猫儿竹（原产中国）
Phyllostachys edulis (*Phyllostachys pubescens*)

▲毛竹·孟宗竹·猫儿竹（原产中国）
Phyllostachys edulis (*Phyllostachys pubescens*)

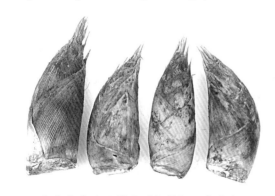

▲毛竹冬季生产的竹笋称"冬笋"，产量少，物以稀为贵

▲毛竹·孟宗竹·猫儿竹（原产中国）
Phyllostachys edulis (*Phyllostachys pubescens*)

江氏孟宗竹

- ●**别名**：花毛竹。
- ●**植物分类**：刚竹属、毛竹属（*Phyllostachys*）。
- ●**产地**：园艺栽培种。
- ●**形态特征**：孟宗竹的变种，散生竹类。秆、枝橙黄色具绿色纵条纹；部分叶片具乳白色条纹。

▲ 江氏孟宗竹·花毛竹（栽培种）
Phyllostachys pubescens 'Tao Kiang'

▲ 江氏孟宗竹叶片偶有乳白色纵条纹

▲ 毛竹·孟宗竹·猫儿竹（原产中国）
Phyllostachys edulis（*Phyllostachys pubescens*）

▲ 毛竹·孟宗竹·猫儿竹（原产中国）
Phyllostachys edulis（*Phyllostachys pubescens*）

▲龟甲竹·龟纹竹·鬼面竹（原产日本、中国）
Phyllostachys heterocycla

▲花哺鸡竹（原产中国）
Phyllostachys glabrata

禾本科散生竹类

龟甲竹

- **别名**：龟纹竹、鬼面竹。
- **植物分类**：刚竹属、毛竹属（*Phyllostachys*）。
- **产地**：日本、中国。
- **形态特征**：散生竹类。其特征：秆部畸形，秆下部节间缩短膨胀倾斜，节与节相连，秆面圆凸而呈龟甲状。

▲花哺鸡竹（原产中国）
Phyllostachys glabrata

禾本科散生竹类

花哺鸡竹

- **植物分类**：刚竹属、毛竹属（*Phyllostachys*）。
- **产地**：中国浙江。
- **形态特征**：散生竹类。秆高5~7米，径3~4厘米，秆面一边有浅纵沟；节间长10~20厘米，节环略隆起，每节侧枝2枚。秆箨早落，箨片黄褐色或淡红褐色，表面散生黑褐色或紫褐色斑点，边缘无毛；箨耳不明显，边缘疏生短刚毛或无毛；箨叶线状狭披针形，常皱缩弯曲或反折。叶一簇2~5枚，披针形或阔披针形，长7~11厘米，宽1.2~2厘米，基部钝圆；叶缘一边密生刺状毛；叶鞘平滑无毛；叶耳有刚毛。
- **用途**：园景美化。竹笋可供食用。竹秆可作支柱、制器具、农具等。
- **生长习性**：阳性植物。性喜温暖耐高温、湿润、向阳之地，生长适宜温度15~28℃，日照70%~100%。耐寒、耐热，高温生长迟缓。

禾本科散生竹类

高节竹

- **植物分类**：刚竹属、毛竹属（*Phyllostachys*）。
- **产地**：中国浙江。
- **形态特征**：散生竹类。秆高6～10米，径4～7厘米，幼秆深绿色；节间长15～22厘米，节环隆起凸出明显，每节侧枝2枚。秆箨早落，箨片淡黄褐色至红褐色，表面具黑褐色斑点及斑块，上部斑块密集或成黑褐色，边缘褐色；箨耳长椭圆形，边缘有刚毛；箨叶带状或线状披针形，皱曲反折。叶一簇2～6枚，偶有5～6枚，披针形或狭披针形，长8～16厘米，宽1.2～2厘米，基部钝圆；叶缘一边密生刺状毛；叶耳有刚毛。
- **用途**：园景美化。竹笋可供食用。竹秆可作支柱、建材、制器具、农具等。
- **生长习性**：阳性植物。性喜温暖耐高温、湿润、向阳之地，生长适宜温度15～28℃，日照70%～100%。耐寒、耐热，高温生长迟缓。

▲ 高节竹（原产中国）
Phyllostachys prominens

禾本科散生竹类

黄皮绿筋竹

- **植物分类**：刚竹属、毛竹属（*Phyllostachys*）。
- **产地**：金竹的园艺栽培变种。
- **形态特征**：散生竹类。秆高6～15米，径4～10厘米，秆一边有浅纵沟，节下环生白粉，表面金黄色具少数暗绿色纵条纹，箨环下方具绿色环带，节间长20～40厘米，每节侧枝2枚。秆箨早落，箨片乳黄色或黄绿色，表面具淡褐色斑点及斑块；箨耳不明显；箨叶狭三角形或线状披针形，常皱缩弯曲或反折。叶一簇2～5枚或更多，披针形或阔披针形，长6～13厘米，宽1.2～2.2厘米，两面光滑无毛，细脉格子状；叶缘一边密生刺状毛；叶鞘平滑无毛；叶耳有刚毛。
- **用途**：园景美化、盆栽。竹笋可食用。
- **生长习性**：阳性植物。性喜温暖耐高温、湿润、向阳之地，生长适宜温度15～28℃，日照70%～100%。耐寒、耐热，高温生长迟缓。

▲ 黄皮绿筋竹（栽培种）
Phyllostachys sulphurea 'Robert Young'

银带东根竹

- ●**植物分类**：苦竹属（*Pleioblastus*）。
- ●**产地**：东根竹的园艺栽培种。
- ●**形态特征**：灌木状丛生竹类。秆高1.5～3米，径1～1.5厘米，节长7～15厘米，幼秆节下环生白粉。秆箨宿存，箨片厚纸质，表面具纵向凹痕或浅纵沟，无毛。叶一簇4～10枚，披针形或线状披针形，长8～15厘米，宽1～1.6厘米，春、夏季萌发新叶具白色条纹，秋季以后逐渐淡化或转为绿色，细脉格子状；叶缘一边密生锯齿状刺毛，一边疏生刺状毛；叶鞘无毛；叶耳不明显或具短刚毛。
- ●**用途**：园景美化、绿篱、地被、盆栽。植株低矮，叶色清逸素雅，颇受喜爱。
- ●**生长习性**：中性植物，偏阳性。性喜温暖耐高温、湿润、向阳至略荫蔽之地，生长适宜温度15～28℃，日照50%～100%。耐寒稍耐热、耐旱，高温生长迟缓。

▲银带东根竹（栽培种）
Pleioblastus chino 'Murakamianus'

▲银带东根竹春季萌发新叶具白色条纹，秋季以后逐渐淡化或转为绿色

寒山竹

- ●**别名**：邢氏苦竹、篁竹。
- ●**植物分类**：苦竹属（*Pleioblastus*）。
- ●**产地**：中国南部。
- ●**形态特征**：丛生竹类。秆高2～5米，径1～3厘米；节间长10～30厘米，节下环生白粉，每节侧枝3～5枚。秆箨宿存，箨片硬革质，表面略带紫红色，平滑无毛；箨耳不明显；箨叶阔线形，直立。叶个簇4～10枚，狭披针形或阔线形，长6～25厘米，宽0.4～1.6厘米，细脉格子状；叶缘有刺状毛，一边密生，一边疏生或全缘；叶鞘光滑无毛；叶耳丛生刚毛。
- ●**用途**：园景美化、绿篱。竹笋可食用。竹秆可制工艺品。
- ●**生长习性**：阳性植物。性喜温暖耐高温、湿润、向阳之地，生长适宜温度15～28℃，日照70%～100%。耐寒、稍耐热、耐旱。

▲寒山竹·邢氏苦竹·篁竹（原产中国）
Pleioblastus hindsii（*Arundinaria hindsii*）

大明竹

- **别名**：四季竹、通丝竹。
- **植物分类**：苦竹属（*Pleioblastus*）。
- **产地**：日本。
- **形态特征**：小型丛生竹类。秆圆柱形，高2.5～5米，径0.5～2厘米；节间长12～30厘米，节环隆起明显，幼秆环生白粉，侧枝多数簇生。秆箨宿存，幼箨箨略带淡紫黑色，箨片表面平滑或疏生细毛，边缘密生柔毛，箨耳不明显；箨叶线形，直立。叶一簇5～11枚，狭披针形或阔线形，长10～28厘米，宽0.5～1.7厘米，细脉格子状，叶缘有刺状毛；叶耳不明显。
- **用途**：园景美化、绿篱。竹笋可食用。竹秆可供篱柱材料、制工艺品。
- **生长习性**：阳性植物。性喜温暖，耐高温、湿润、向阳之地，生长适宜温度18～28℃，日照70%～100%。耐寒也耐热、耐旱。

▲大明竹·四季竹·通丝竹（原产日本）
Pleioblastus graminea（*Arundinaria graminea*）

▲大明竹·四季竹·通丝竹（原产日本）
Pleioblastus graminea（*Arundinaria graminea*）

▲寒山竹·邢氏苦竹·篲竹（原产中国）
Pleioblastus hindsii（*Arundinaria hindsii*）

▲大明竹·四季竹·通丝竹（原产日本）
Pleioblastus graminea（*Arundinaria graminea*）

禾本科丛生竹类

台湾矢竹

- **别名**：台湾箭竹。
- **植物分类**：苦竹属（*Pleioblastus*）。
- **产地**：中国台湾。
- **形态特征**：小型丛生竹类。秆高1～5米，径0.5～1.5厘米，近基部各节环生气根；节间长15～35厘米，每节侧枝1枚，上部1～3枚。秆箨宿存，箨片革质，表面平滑无毛，边缘密生柔毛；箨耳不明显，疏生少数长刚毛。叶一簇2～6枚或更多，椭圆形或椭圆状披针形，长10～28厘米，宽1.4～4厘米，细脉格子状；幼叶之叶耳有刚毛，成熟叶无毛。本种1986年之前被误认为是包箨矢竹。
- **用途**：园景美化。竹笋可食用。竹秆可供篱柱材料、雕刻、制工艺品。
- **生长习性**：阳性植物。性喜温暖耐高温、湿润、向阳之地，生长适宜温度15～28℃，日照70%～100%。耐寒、稍耐热、耐旱、耐风。

▲台湾矢竹·台湾箭竹（原产中国）
Pleioblastus kunishii

▲台湾矢竹叶一簇2～6枚

禾本科丛生竹类

琉球矢竹

- **别名**：仰叶竹。
- **植物分类**：苦竹属（*Pleioblastus*）。
- **产地**：日本。
- **形态特征**：小型丛生竹类。秆高1～5米，径0.5～1.5厘米；节间长10～28厘米，节隆起明显，侧枝1枚或多数簇生。秆箨宿存，箨片表面无毛，边缘密生细毛，幼箨淡紫褐色；箨耳不明显；箨叶阔线形，直立。叶片狭长，一簇5～9枚，线状披针形，长10～30厘米，宽0.5～1厘米，细脉格子状；叶缘有刺状毛，一边密生一边疏生；叶鞘无毛，叶耳不明显。
- **用途**：园景美化、绿篱。竹秆可供篱柱材料、制工艺品。
- **生长习性**：阳性植物。性喜温暖耐高温、湿润、向阳之地，生长适宜温度18～28℃，日照70%～100%。耐寒也耐热、耐旱、耐风。

▲琉球矢竹·仰叶竹（原产日本）
Pleioblastus linearis

川竹

- ●**别名**：空心苦竹、女竹。
- ●**植物分类**：苦竹属（*Pleioblastus*）。
- ●**产地**：中国浙江、日本。
- ●**形态特征**：丛生竹类。秆高3~7米，径1.5~3厘米；节间长10~30厘米，节环隆起，节下环生白粉，侧枝多数簇生。秆箨宿存，箨片厚纸质，表面无毛，边缘疏生柔毛；箨耳不明显；箨叶阔线形，常反折。叶一簇5~9枚，阔线形或狭披针形，长10~30厘米，宽1~3厘米，细脉格子状；叶缘有刺状毛，一边密生一边疏生；幼叶之叶耳丛生刚毛。
- ●**用途**：园景美化、绿篱。竹笋可食用。竹秆可供编织，制钓竿、工艺品。
- ●**生长习性**：阳性植物。性喜温暖、湿润、向阳之地，生长适宜温度15~25℃，日照70%~100%。耐寒不耐热、耐旱。高温生长迟缓或不良。

▲川竹·空心苦竹·女竹（原产中国、日本）
Pleioblastus simonii (*Bambusa simonii*)

▲川竹·空心苦竹·女竹（原产中国、日本）
Pleioblastus simonii (*Bambusa simonii*)

▲琉球矢竹·仰叶竹（原产日本）
Pleioblastus linearis

▲川竹·空心苦竹·女竹（原产中国、日本）
Pleioblastus simonii (*Bambusa simonii*)

▲ 包箨矢竹·包箨箭竹（原产中国）
Pleioblastus usawai（*Pseudosasa usawai*）

▲ 包箨矢竹叶一簇1~3枚

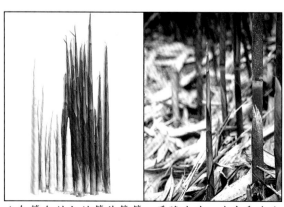

▲ 包箨矢竹之竹笋称箭笋，质脆味甘，为广受欢迎
之山珍佳肴

禾本科丛生竹类

包箨矢竹

- **别名**：包箨箭竹。
- **植物分类**：苦竹属（*Pleioblastus*）。
- **产地**：中国台湾。
- **形态特征**：小型丛生竹类。秆高2~6米，径1~2.5厘米，秆下部各节常环生气根，幼秆绿色或紫褐色；节间长18~35厘米，每节侧枝1~3枚，上部多数簇生。秆箨宿存或脱落，箨片革质，表面密生棕褐色细毛；箨耳有短刚毛。叶片质厚，一簇1~3枚，椭圆状披针形，长9~25厘米，宽2~3.5厘米，细脉格子状，全缘。本种1986年之前被误为是台湾矢竹。
- **用途**：园景美化、绿篱。竹笋称"箭笋"，可食用。竹秆可供篱柱材料、工艺品。
- **生长习性**：阳性植物。性喜温暖，耐高温、湿润、向阳之地，生长适宜温度15~28℃，日照70%~100%。耐寒不耐热、耐旱、耐风。

禾本科丛生竹类

上田竹

- **植物分类**：苦竹属（*Pleioblastus*）。
- **产地**：园艺栽培种，原产日本。
- **形态特征**：灌木状小型丛生竹类。植株低矮，秆高1~2米，径0.4~1厘米，幼秆节下环生白粉；节长4~9厘米，节环略隆起，侧枝多数簇生，小枝朝天向上生长。箨片纸质，表面略有皱折突起，箨耳不明显。叶一簇5~12枚，墨绿色，朝天向上，披针形或阔披针形，长5~12厘米，宽1~3厘米，基部钝圆，中肋具淡黄色纵条纹，细脉格子状；叶缘一边有锯齿状刺毛。
- **用途**：园景美化、绿篱、地被、盆栽。植株低矮，生长密集，为地被优良小型竹种。
- **生长习性**：中性植物，偏阳性。性喜温暖耐高温、湿润、向阳至略荫蔽之地，生长适宜温度15~28℃，日照50%~100%。耐寒不耐热、耐旱，高温生长迟缓。

禾本科丛生竹类

矢竹

- **别名**：箭竹。
- **植物分类**：茶秆竹属、箭竹属（*Pseudosasa*）。
- **产地**：日本。竹类标本园、园艺观赏零星栽培。
- **形态特征**：小型丛生竹类。秆高2～5米，径 0.5～1.5厘米；节间长15～30厘米，节环隆起，秆中部以上侧枝1枚，近顶部各节2～3枚。秆箨宿存，箨片纸质，包秆紧密，表面疏生细柔毛；箨耳不明显，具少数刚毛；箨叶线状披针形。叶一簇5～9枚，椭圆状披针形，长10～30厘米，宽1～4.5厘米，两面平滑，细脉格子状；叶鞘无毛。
- **用途**：园景美化、绿篱，竹姿清秀宜人。竹秆可制钓竿、器具、工艺品等。
- **生长习性**：阳性植物。性喜温暖，稍耐高温、湿润、向阳之地，生长适宜温度15～28℃，日照70%～100%。耐寒不耐热、耐旱，高温生长迟缓或不良。

▲ 矢竹·箭竹（原产日本）
Pseudosasa japonica（*Arundinaria japonica*）

▲ 矢竹·箭竹（原产日本）
Pseudosasa japonica（*Arundinaria japonica*）

▲ 上田竹（栽培种）
Pleioblastus shibuyanus 'Tsuboi'

▲ 上田竹（栽培种）
Pleioblastus shibuyanus 'Tsuboi'

▲ 辣韭矢竹（原产日本）
Pseudosasa japonica var. *tsutsumiana*

禾本科丛生竹类

辣韭矢竹

- **植物分类**：茶秆竹属、箭竹属（*Pseudosasa*）。
- **产地**：日本。
- **形态特征**：矢竹的变种，小型丛生竹类。秆高1~2米，径1~2厘米；节间长7~15厘米，节间缩短下部膨胀呈长葫芦型；地下茎之节间亦膨大；秆中部以上侧枝1枚，近顶部各节2~3枚。秆箨宿存，箨片纸质，包秆紧密，表面密被细柔毛；箨耳不明显，具少数刚毛；箨叶线形或线状披针形，直立。叶一簇4~9枚，阔披针形或长椭圆状披针形，长15~28厘米，宽1~2.5厘米，细脉格子状；叶鞘无毛，叶耳不明显。
- **用途**：园景美化、盆栽，竹姿奇特优雅。竹秆可当饰物、制工艺品。
- **生长习性**：中性植物。性喜温暖耐高温、湿润、向阳之地，生长适宜温度15~28℃，日照70%~100%。耐寒、稍耐热、耐旱，高温生长迟缓。

▲ 无毛翠竹·小吕岛竹（栽培种）
Sasa pygmaca var. *distichus*

禾本科散生或丛生竹类

无毛翠竹

- **别名**：小吕岛竹。
- **植物分类**：赤竹属（*Sasa*）。
- **产地**：日本。
- **形态特征**：灌木状小型散生或丛生竹类，植株低矮。秆高20~40厘米，径0.1~0.2厘米，幼秆节下黑褐色；节长3~6厘米，节环略隆起，每节侧枝1枚。箨片纸质，表面无毛，边缘有毛。叶一簇5~12枚，披针形，长6~12厘米（修剪后萌发新叶呈扇形2列，长3~6厘米，宽0.5~1.2厘米）两面无毛，细脉格子状；叶缘一边有锯齿状刺毛。
- **用途**：园景美化、绿篱、地被、盆栽。植株低矮，生长密集，为地被优良小型竹种。
- **生长习性**：中性植物，偏阳性。性喜温暖、湿润、向阳至略荫蔽之地，生长适宜温度15~25℃，日照50%~100%。耐寒不耐热、耐旱，高温生长迟缓或不良。

禾本科散生或丛生竹类

菲黄竹

- **别名**：小金妃竹、秃笹。
- **植物分类**：赤竹属（*Sasa*）。
- **产地**：日本。
- **形态特征**：灌木状小型散生或丛生竹类，植株低矮。秆高20～40厘米，径0.1～0.2厘米，全株密被柔毛；节长1～3.5厘米，节环隆起，不分枝或每节侧枝1枚。秆箨宿存，箨片厚纸质，箨耳不明显；箨叶卵状披针形。叶一簇4～8枚，披针形或阔披针形，长10～15厘米，宽1.2～2厘米，新叶淡黄色具绿色纵条纹，老叶黄色渐退；细脉格子状明显；叶缘有小锯齿；叶鞘边缘有褐毛。
- **用途**：园景美化、绿篱、地被、盆栽。植株低矮，生长密集，为地被优良小型竹种。
- **生长习性**：中性植物，偏阳性。性喜温暖、湿润、向阳至略荫蔽之地，生长适宜温度15～25℃，日照50％～100％。耐寒不耐热、耐旱、耐风，高温生长迟缓。

▲ 菲黄竹·小金妃竹·秃笹（原产日本）
Sasa auricoma（*Pleioblastus viridistriatus*）

禾本科散生或丛生竹类

白边竹

- **别名**：隈笹、维奇箬竹。
- **植物分类**：赤竹属（*Sasa*）。
- **产地**：日本。
- **形态特征**：灌木状散生或丛生竹类。秆细直，高60～130厘米，径0.3～0.6厘米；节间长7～16厘米，节环略隆起，每节侧枝1枚。秆箨宿存，箨片纸质，表面有脱落性白色细毛或无毛；箨耳不明显；箨叶锥形，直立或反折。叶片宽大，簇生于秆端，掌状排列，5～7枚，椭圆形或披针形，先端突尖，长16～26厘米，宽3～4.5厘米，叶缘具乳白色条纹，细脉格子状；叶耳不明显，疏生短刚毛或无毛。
- **用途**：园景美化、地被、盆栽。
- **生长习性**：阳性植物。性喜冷凉、干燥至适润、向阳之地，生长适宜温度12～22℃，日照70％～100％。耐寒不耐热、耐旱、耐干燥。高温生长不良。

▲ 白边竹·隈笹·维奇箬竹（原产日本）
Sasa veitchii（*Sasa albo-marginata*）

稚子竹

- **别名**：缟竹、菲白竹。
- **植物分类**：赤竹属（*Sasa*）。
- **产地**：日本。
- **形态特征**：灌木状小型散生或丛生竹类，植株低矮。秆高30～100厘米，径0.2～0.6厘米；节长1～3厘米，侧枝单一，偶见2支。秆箨宿存，箨片纸质，乳白色具绿色纵条纹；箨耳有短刚毛；箨叶卵状披针形。叶一簇5～9枚，披针形，长3～13厘米，宽0.4～1.2厘米，叶面具黄白色纵条纹，细脉格子状；叶缘有刺状毛，一边密生一边疏生；叶耳上端丛生刚毛。
- **用途**：园景美化、地被、盆栽。竹株低矮密集，为优雅清秀之地被竹种。
- **生长习性**：阳性植物。性喜冷凉至温暖、湿润、向阳之地，生长适宜温度15～25℃，日照70%～100%。耐寒不耐热、耐旱，高温生长迟缓或不良。

▲ 稚子竹·缟竹·菲白竹（原产日本）
Sasa fortunei（Pleioblastus variegata）

▲ 稚子竹·缟竹·菲白竹（原产日本）
Sasa fortunei（Pleioblastus variegata）

莎簕竹

- **别名**：藤竹。
- **植物分类**：箣笀竹属、莎簕竹属（*Schizostachyum*）。
- **产地**：菲律宾、中国热带地区。
- **形态特征**：蔓性竹类。秆细长，能攀缘树木，长可达35米以上，径0.5～1.5厘米；节间长15～60厘米，节环隆起，侧枝多数簇生。箨片硬革质，表面密被褐色细毛，边缘密生柔毛；箨叶线状披针形，细长；箨耳丛生刚毛。叶一簇5～12枚，披针形或长椭圆状披针形，长10～25厘米，宽1.3～2.5厘米，细脉平行；叶缘两边密生刺状毛或一边全缘；叶耳不明显，具丛生刚毛。
- **用途**：园景美化。竹秆可制工艺品。
- **生长习性**：中性植物。性喜高温、湿润、向阳至荫蔽之地，生长适宜温度20～30℃，日照50%～100%。耐热、耐旱、耐阴、耐瘠。

▲ 莎簕竹·藤竹（原产菲律宾、中国）
Schizostachyum diffusum（Bambusa diffusum）

禾本科丛生竹类

黄金丽竹

- **别名**：短枝黄金竹。
- **植物分类**：簩篈竹属、莎簩竹属（*Schizostachyum*）。
- **产地**：印度尼西亚、马来西亚热带地区。
- **形态特征**：丛生竹类。秆高5～12米，径4～8厘米，表面金黄色至橙黄色，偶有绿色纵条纹，秆面光滑；节间长20～40厘米，节环略隆起，侧枝多数簇生。新鲜箨片紫红色，表面具褐色细毛；箨叶阔卵状三角形，直立；箨耳疏生刚毛。叶一簇6～10枚，卵状披针形或长椭圆状披针形，长20～40厘米，宽3～6.5厘米，叶面偶有黄色纵条纹；叶缘有刺状毛，一边密生一边疏生；叶耳疏生刚毛。
- **用途**：园景美化。秆色金黄亮丽，清新脱俗，为高级庭园观赏竹。
- **生长习性**：阳性植物。性喜高温、湿润、向阳之地，生长适宜温度22～32℃，日照70%～100%。耐热、耐旱。

▲ 黄金丽竹·短枝黄金竹（原产印度尼西亚、马来西亚）
Schizostachyum brachycladum（*Schizostachyum Zollingeri*）

▲ 莎簩竹·藤竹（原产菲律宾、中国）
Schizostachyum diffusum（*Bambusa diffusum*）

▲ 黄金丽竹·短枝黄金竹（原产印度尼西亚、马来西亚）
Schizostachyum brachycladum（*Schizostachyum Zollingeri*）

沙罗单竹

- ●**别名**：罗竹。
- ●**植物分类**：簕笋竹属、莎簕竹属（*Schizostachyum*）。
- ●**产地**：中国广东、广西、云南高温多湿地区。
- ●**形态特征**：丛生竹类。秆高7～12米，径4～9厘米，竹秆端直，秆壁薄。幼秆具银灰色或淡黄色纵条纹，数年后条纹渐消失；节间长30～60厘米，节环微隆起，分枝较高，侧枝多数簇生。秆箨迟落，箨片硬脆，表面有白色硅质，并具白色或淡黄色细毛，边缘无毛，顶端平截或微凹；箨叶狭三角形或线状披针形，反折；箨耳不明显。叶一簇6～10枚，长椭圆状披针形，长20～30厘米，宽2.5～4厘米，叶背有白色硬糙细毛。
- ●**用途**：园景美化，竹姿端直清秀，为高级庭园观赏竹。竹笋可食用。竹秆为编织、造纸良材。
- ●**生长习性**：阳性植物。性喜高温、湿润、向阳之地，生长适宜温度22～32℃，日照60%～100%。生性强健，耐热、耐旱、耐阴。

▲沙罗单竹·罗竹（原产中国）
Schizostachyum funghomii

业平竹

- ●**别名**：和合竹。
- ●**植物分类**：业平竹属（*Semiarundinaria*）。
- ●**产地**：中国、日本温带地区。
- ●**形态特征**：丛生竹类。秆高3～10米，径1～4厘米，秆一面略扁平或有沟槽；节间长10～30厘米，节环隆起，侧枝初生3枚，次年后增至7～8枚。秆箨宿存，新鲜时绿紫色，箨片革质，表面无毛，基部有褐色细毛；箨耳不明显；箨叶凿形或线状披针形，细长直立。幼株叶一簇3～10枚，线状披针形，长10～20厘米；成株叶一簇3～7枚，长8～13厘米，宽1.5～2.5厘米，长椭圆状披针形，叶缘有刺状毛；叶耳不明显。
- ●**用途**：园景美化、绿篱、盆栽。竹秆可制工艺品。
- ●**生长习性**：阳性植物。性喜冷凉至温暖、湿润、向阳之地，生长适宜温度12～25℃，日照70%～100%。耐寒、耐旱、不耐热，高温生长迟缓或不良。

▲沙罗单竹·罗竹（原产中国）
Schizostachyum funghomii

禾本科丛生竹类

五叶竹

- **别名**：岗姬竹、日本矮竹。
- **植物分类**：倭竹属、岗姬竹属（*Shibataea*）。
- **产地**：日本温带地区。
- **形态特征**：灌木状小型丛生竹类。秆高20～100厘米，径0.2～0.5厘米，秆细小，秆面一边略扁平；节间长3～10厘米，节环隆起，每节侧枝2～6枚，小枝短小。秆箨宿存，箨片薄纸质，半透明状。叶片单生1枚，偶有2～3枚，卵状椭圆形或卵状披针形，长5～10厘米，宽1.2～2.5厘米，基部略圆，细脉格子状；叶缘密生刺状毛；叶耳不明显。
- **用途**：园景美化、绿篱、地被、盆栽。庭园成簇栽培，植株低矮，枝细叶茂，青翠柔美。竹秆、根茎可制精细工艺品。
- **生长习性**：阳性植物。性喜温暖耐高温、湿润、向阳至略荫蔽之地，生长适宜温度15～28℃，日照0～100%。耐寒、耐热、耐旱。

▲ 五叶竹·岗姬竹·日本矮竹（原产日本）
Shibataea kumasaca

▲ 五叶竹·岗姬竹·日本矮竹（原产日本）
Shibataea kumasaca

▲ 业平竹·和合竹（原产中国、日本）
Semiarundinaria fastuosa

▲ 业平竹·和合竹（原产中国、日本）
Semiarundinaria fastuosa

唐竹

- **别名**：疏节竹。
- **植物分类**：唐竹属（*Sinobambusa*）。
- **产地**：中国南部、越南北部热带至亚热带地区。
- **形态特征**：散生转丛生竹类。秆高5～10米，径2～3.5厘米，节上常残留棕褐色毛圈；节间长40～60厘米，节环隆起，每节初生侧枝3枚，逐渐增加成簇生，层次明显。秆箨早落，箨片革质，表面密生暗褐色细毛，边缘有柔毛。箨叶线状披针形，反折；箨耳凸出，边缘有长刚毛。叶一簇3～9枚，披针形或椭圆状披针形，长8～20厘米，宽1～3厘米，细脉平行；叶缘两边疏生刺状毛；叶耳丛生刚毛。
- **用途**：园景美化、绿篱、盆栽；竹姿端直，叶簇苍翠。竹秆可供篱柱、家具、农具、工艺品等。
- **生长习性**：中性植物。性喜温暖至高温、湿润、向阳至荫蔽之地，生长适宜温度18～30℃，日照60%～100%。生性强健，耐寒也耐热、耐旱、耐阴。

▲ 唐竹·疏节竹（原产中国）
Sinobambusa tootsik（*Bambusa tootsik*）

▲ 唐竹秆箨革质，表面密生细毛；箨叶反折，箨耳凸出，边缘有长刚毛

▲ 唐竹幼株秆姿端直，叶簇层次分明，苍翠宜人

▲ 泰竹·暹罗竹·条竹（原产中南半岛）
Thyrsostachys siamensis（*Bambusa siamensis*）

禾本科散生转丛生竹类

白条唐竹

- ●**别名**：花叶唐竹。
- ●**植物分类**：唐竹属（*Sinobambusa*）。
- ●**产地**：园艺栽培种。
- ●**形态特征**：散生转丛生竹类。秆面偶有白色纵条纹；叶面先具黄色纵条纹，后转为白色纵条纹。

禾本科丛生竹类

泰竹

- ●**别名**：暹罗竹、条竹。
- ●**植物分类**：泰竹属（*Thyrsostachys*）。
- ●**产地**：泰国、缅甸热带地区。
- ●**形态特征**：丛生竹类。秆高7～12米，径2～6厘米，秆肉厚，近基部常实心，秆间距密集丛生；节间长15～30厘米，侧枝初生为3枝，逐渐增加成簇生。秆箨宿存，箨片纸质，软薄，先端凸起，表面及边缘密生细褐毛，箨耳不明显；箨叶卵状三角形至阔披针形。叶片细长，一簇4～13枚，狭披针形或线状披针形，长7～15厘米，宽0.6～1.2厘米，叶背密生细毛，细脉平行；叶缘有刺状毛，一边密生一边疏生；叶耳不明显。
- ●**用途**：园景美化。竹秆可供建筑、造纸、篱柱，制家具，农具、工艺品等。
- ●**生长习性**：阳性植物。性喜高温、湿润、向阳之地，生长适宜温度20～30℃，日照70%～100%。耐热、耐寒、耐旱、耐风。

▲白条唐竹·花叶唐竹（栽培种）
Sinobambusa tootsik 'Albo Striata'

▲泰竹·暹罗竹·条竹（原产中南半岛）
Thyrsostachys siamensis（*Bambusa siamensis*）

禾本科 POACEAE（GRAMINEAE）

景观植物大图鉴③

165

▲ 玉山竹·玉山箭竹·玉山矢竹（原产菲律宾、中国）
Sinarundinaria niitakayamensis(*Yushania niitakayamensis*)

玉山竹

- **别名**：玉山箭竹、玉山矢竹。
- **植物分类**：箭竹属、玉山竹属（*Sinarundinaria*）。
- **产地**：菲律宾吕宋岛及中国台湾高山上。
- **形态特征**：丛生竹类。生长于强风向阳处者竹株矮小，林缘避风处者较粗长。秆高1～4米，径0.5～2.0厘米；节间长10～30厘米，侧枝簇生。秆箨宿存，箨片薄革质，表面粗糙密生细毛；箨耳有刚毛；箨叶线形，反折。叶一簇3～10枚，狭披针形，长4～18厘米，宽0.5～1.3厘米，细脉格子状。
- **用途**：园景美化、绿篱。竹笋可食用。竹秆可供篱柱材料、制烟管、箭杆、工艺品等。
- **生长习性**：中性植物。性喜冷凉至温暖、湿润、向阳或略荫蔽之地，生长适宜温度12～25℃，日照60%～100%。耐寒不耐热，耐旱、耐阴，高温生长不良。

▲ 玉山竹·玉山箭竹·玉山矢竹（原产菲律宾、中国）
Sinarundinaria niitakayamensis(*Yushania niitakayamensis*)

▲ 玉山竹·玉山箭竹·玉山矢竹（原产菲律宾、中国）
Sinarundinaria niitakayamensis(*Yushania niitakayamensis*)

▲ 玉山竹生长于高冷地林缘避风处，竹株粗长青翠

棕榈类

棕榈类

　　棕榈类植物在植物界是很独特的一群，茎干呈圆柱形，叶簇生于干顶，形态与众不同，其叶、果之形状、大小、颜色等等，都可与一般植物做区别。这类形态特殊的物种，泛指单子叶植物当中的第四大科——棕榈科植物。其植株形态优美，茎干有通直雄伟壮硕者，叶片有纤细柔美而婀娜多姿者，果实之大小颜色具有许多变化，观赏价值极高，因此成为重要的造园景观植物。

　　此类植物大多数原产于热带及亚热带地区，少数出现在温带地区，据统计，全世界约有210属2 800种，在世界热带地区是重要的经济作物。

　　棕榈科植物多数为直立的乔木及灌木，少数是蔓性，通常茎干不分枝。茎干可分为单干型（如大王椰子、酒瓶椰子）及丛生干型（如山棕、黄椰子）等。依据叶子形态分为三大类：羽状复叶或羽状裂叶者称为"椰子类"，掌状裂叶者为"棕榈类"，海枣属（*Phoenix*）则称为"海枣类"。植株高度10米以上为大型，3～10米者为中型，3米以下为小型。

　　棕榈类是常绿植物，顶芽是生长点，茎顶若是遭受折断损害，植株将会死亡，必须特别保护。除了少数生长在沼泽湿地的物种外，大多数需要种植在排水良好的沙质壤土上，且土壤堆置的高度以茎干与根交界处为止，不可深植。又此类植物喜好高温，生长适宜温度20～28℃，每年4—9月为生长期，冬季成活率最低；移植后若遇寒流来袭，茎干需用稻草或塑胶布包扎保温，使其顺利越冬，否则遭受寒害，生长受阻恢复困难。种植棕榈树以幼株为佳，成树后根群稳固，较能抵抗强风吹袭。春季至秋季生长期，每1～2个月施肥一次。春、夏季需水较多，要充分供给。适时剪除老化叶片，可促使茎干长高。

　　本书共搜集181种棕榈类植物，种类的编排顺序以"属名"的英文字母排列，方便查阅。物种广泛分布于植物园、标本园、公园、校园、机关庭院、园艺苗圃、私人庭院或市区行道等；大多数幼树都很耐阴，盆栽为优雅的室内观叶植物。

湿地棕

- **别名**：丛立剌棕榈、剌丛桐。
- **植物分类**：湿地棕榈属（*Acoelorrhaphe*）。
- **产地**：原产美国佛罗里达州、中美洲及加勒比群岛，热带至亚热带海岸地区普遍种植。
- **形态特征**：大型，丛生干。茎干细直，干高可达 12 米，径6～12厘米，表面包裹暗褐色纤维，环节不明显。掌状复叶中裂至深裂，直径可达90厘米，叶背银白色；干环、叶轴、叶鞘均呈黄色。肉穗花序，腋生，雄花黄绿色。果实球形，橙黄色。
- **繁育方法**：播种、分株法，种子容易萌发生长。
- **用途**：园景树。幼树耐阴，盆栽可当室内植物。

刺孔雀椰子

- **别名**：刺鱼尾椰。
- **植物分类**：孔雀椰子属（*Aiphanes*）。
- **产地**：原产南美洲热带雨林，常栽植于热带至亚热带地区略荫蔽之地。
- **形态特征**：中型，单干。树形高耸直立，干高可达8米，径20～30厘米，茎干表面密生长短不等硬刺。羽状复叶，小叶平展排列，形似大型羽毛，老叶常下垂；中肋、叶背之肋脉也有硬刺；小叶阔线形，叶面深绿色，先端宽大咬切状，呈不规则浅裂至深裂。肉穗花序，腋生，下垂。果实球形，鲜红色。
- **繁育方法**：播种法，种子发芽需6～8周。
- **用途**：园景树；茎干表面有硬刺，校园不宜栽植，避免师生受到伤害。果实可食用。

▲刺孔雀椰子·刺鱼尾椰（原产南美洲）*Aiphanes aculeata*（*Aiphanes caryotaefolia*）

▲湿地棕·丛立剌棕榈·剌丛桐 （原产美国、西印度群岛）*Acoelorrhaphe wrightii*（*Paurotis wrightii*）

▲刺孔雀椰子·刺鱼尾椰（原产南美洲）*Aiphanes aculeata*（*Aiphanes caryotaefolia*）

▲ 轮羽椰·香花棕·沙滩椰子（原产巴西）
Allagoptera arenaria

▲ 假槟榔·亚历山大椰子（原产澳大利亚）
Archontophoenix alexandrae

棕榈科椰子类

轮羽椰

- **别名**：香花棕、沙滩椰子。
- **植物分类**：轮羽椰属、香花棕属（*Allagoptera*）。
- **产地**：原产巴西东岸滨海地区，植株耐盐也耐风，常栽植于热带至温带阳光充足而开阔之滨海地区。
- **形态特征**：小型，丛生干。通常茎干高度低于3米。羽状复叶，小叶线形，长30～60厘米，呈V形着生于叶轴。肉穗花序，具长柄，雄花黄绿色。果实密生于果轴上（与苏铁球果相似），倒圆锥形，果径约1厘米，橙黄至橙红色。
- **繁育方法**：播种法、分株法，新鲜种子发芽需3～5个月。
- **用途**：园景树、海滨行道树。

▲ 轮羽椰肉穗花序具长柄，果实密生于果轴上，形似苏铁球果

棕榈科椰子类

假槟榔

- **别名**：亚历山大椰子。
- **植物分类**：假槟榔属（*Archontophoenix*）。
- **产地**：原产澳大利亚东北部，热带至温带地区普遍栽培。
- **形态特征**：大型，单干。树形高耸通直，干高可达25米，径20～35厘米，茎干光滑，环节密集明显。羽状复叶，小叶线形，长50～80厘米，呈V形着生于叶轴，叶背略具白色。肉穗花序，腋生，下垂，雄花黄绿色。果实椭圆形，红色。
- **繁育方法**：播种法，种子发芽需4～8周。
- **用途**：园景树、行道树；造景以3株群植为佳。

棕榈科椰子类

紫冠假槟榔

- ●**别名**：紫色假槟榔。
- ●**植物分类**：假槟榔属（*Archontophoenix*）。
- ●**产地**：原产澳大利亚雨林区，热带至温带地区普遍栽培。
- ●**形态特征**：大型，单干。茎干通直，干高可达12米，径25～35厘米，表面光滑，环节明显。羽状复叶，小叶线形，长50～90厘米，呈V形着生于叶轴；冠茎呈紫红色。肉穗花序，腋生，下垂，雄花黄绿色。果实椭圆形，红色。
- ●**繁育方法**：播种法，新鲜种子发芽需8～12周。
- ●**用途**：园景树、行道树。幼树耐阴，生长期间需适度遮阴。

棕榈科椰子类

槟榔

- ●**植物分类**：槟榔属（*Areca*）。
- ●**产地**：原产于东南亚地区，热带至温带地区普遍栽培。
- ●**形态特征**：大型，单干。树形通直高耸，干高可达15米以上，径15～25厘米，茎干光滑，环节明显。羽状复叶，小叶线形，长40～70厘米，呈V形着生于叶轴。肉穗花序，腋生，下垂性，雄花黄绿色。果实球形，橙黄至红色。
- ●**繁育方法**：播种法，种子发芽需8～12周。
- ●**用途**：园景树、行道树。果实可食用、药用。

▲ 紫冠假槟榔·紫色假槟榔（原产澳大利亚）
Archontophoenix purpurea

▲ 矮性槟榔（栽培种）
Areca catechu 'Dwarf'

▲ 槟榔（原产东南亚）
Areca catechu

▲三药槟榔·丛立槟榔（原产中国、印度、东南亚）
Areca triandra

▲散尾棕·山棕·香桃榔（原产中国、日本）
Arenga engleri

棕榈科椰子类

三药槟榔

- ●**别名**：丛立槟榔。
- ●**植物分类**：槟榔属（*Areca*）。
- ●**产地**：原产东南亚、印度及中国西南地区，热带至亚热带地区普遍种植。
- ●**形态特征**：中型，丛生干。干高4~8米，径10~20厘米，干皮光滑，环节明显。羽状复叶，小叶线形或剑状披针形，下垂，长30~60厘米，呈V形着生于叶轴。肉穗花序，腋生，雄花黄绿色。果实椭圆形，橙色至红色。
- ●**繁育方法**：播种、分株法，种子发芽需3~4个月。
- ●**用途**：园景树、行道树。

▲三药槟榔果实椭圆形，红色

棕榈科椰子类

散尾棕

- ●**别名**：山棕、香桃榔。
- ●**植物分类**：桃榔属、山棕属（*Arenga*）。
- ●**产地**：原产于中国福建、台湾低海拔山区、山麓及日本琉球岛屿。温带至热带地区普遍栽植。
- ●**形态特征**：小型，丛生干。茎干高度低于3米，径3~5厘米，表面包裹深褐色纤维，环节不明显。羽状复叶，叶面墨绿色，光泽明亮，叶背灰白色；小叶阔线形，先端不规则咬切状。肉穗花序，具芳香，雄花橙黄色。果实球形或倒卵形，橙黄至暗红色。
- ●**繁育方法**：播种、分株法，种子发芽需8~20周。
- ●**用途**：园景树、水土保持。叶片可制扫把，纤维可供编织，嫩芽可食用。

泰马桄榔

- **别名**：单羽桄榔。
- **植物分类**：桄榔属、山棕属（*Arenga*）。
- **产地**：原产于泰国及马来西亚森林下层。
- **形态特征**：小型，丛生干。通常植株低于3米，茎干纤细丛生。单叶，叶柄细长，叶三角状卵形或椭圆形，先端不规则羽状裂或咬切状，叶面黄绿色至墨绿色，叶背银白色。肉穗花序，低矮腋生。果实球形，橙红色。
- **繁育方法**：播种、分株法，种子发芽需8～16周。性耐阴，不耐长期阳光直射，热带地区育苗或栽培遮阴为佳。
- **用途**：园景树、盆栽可当室内植物。

砂糖椰子

- **植物分类**：桄榔属、山棕属（*Arenga*）。
- **产地**：原产印度、马来西亚；经济作物，东南亚各国普遍种植。
- **形态特征**：大型，单干。树形高大，干高可达20米，径25～50厘米，表面包裹深褐色纤维，环节不明显。大型羽状复叶，叶柄挺直；小叶线形，长50～90厘米，呈V形着生于叶轴。肉穗花序，腋生，雄花黄绿色，具强烈臭味。果实长椭圆形，果穗下垂，黄色至橙黄色。
- **繁育方法**：播种法，种子发芽需2～4个月。
- **用途**：园景树、行道树。花穗汁液可制糖，茎髓可采西谷米淀粉或酿酒，嫩芽可食用，叶片可供编织。

▲ 砂糖椰子果实长椭圆形，橙黄色

▲ 泰马桄榔·单羽桄榔（原产泰国、马来西亚）
Arenga hookeriana

▲ 砂糖椰子（原产东南亚）
Arenga pinnata

波叶桃榔

- **植物分类**：桃榔属、山棕属（*Arenga*）。
- **产地**：原产于菲律宾、苏拉威西、苏门答腊及加里曼丹岛之热带雨林中，热带地区普遍栽植。
- **形态特征**：中型，丛生干。干高可达8米，径3～6厘米，茎干表面包裹深褐色纤维，环节不明显。大型羽状复叶，呈拱形生长；小叶阔线形，叶面黄绿，叶背覆白粉状，叶缘呈不规则波浪状齿裂。肉穗花序，腋生。果实球形。
- **繁育方法**：播种、分株法，种子发芽需3～6个月。
- **用途**：园景树。花穗可制糖、酿酒；纤维可供编织。

▲ 波叶桃榔（原产菲律宾、苏拉威西、加里曼丹岛）
Arenga undulatifolia

▲ 波叶桃榔小叶阔线形，叶背粉白色，叶缘呈波浪状齿裂

美洲油椰

- **别名**：巴西油椰。
- **植物分类**：油椰属（*Orbignya*）。
- **产地**：原产危地马拉、洪都拉斯、萨尔瓦多、贝里斯及墨西哥等潮湿热带雨林区，热带地区普遍栽植。
- **形态特征**：大型，单干。干高可达15米，径25～45厘米，表面光滑，环节明显。大型羽状复叶，小叶线形，呈V形着生于叶轴，叶面略具白色。肉穗花序，腋生，下垂。果实椭圆形，棕红色。
- **繁育方法**：播种法，种子发芽需3～6个月。
- **用途**：园景树、行道树。种子可提炼油脂，制肥皂；羽叶可铺盖屋顶。

▲ 美洲油椰·巴西油椰（原产中美洲）
Orbignya cohune（*Attalea cohune*）

棕榈科椰子类

刺皮星果椰

- **植物分类**：星果椰属（*Astrocaryum*）。
- **产地**：原产巴西、圭亚那潮湿雨林中，常见栽植于热带至亚热带地区。
- **形态特征**：中型，单干。干高可达8米，径10~15厘米，表面具黑色长刺，叶柄至叶柄基部亦有长刺。大型羽状复叶，小叶线形，长60~90厘米，叶背白色。肉穗花序，有刺，雄花乳白至黄色，具香气。果实球形至椭圆形，黄色，果表被刺。
- **繁育方法**：播种法，种子发芽需2~4个月。植株性耐阴，栽培地点荫蔽为佳。
- **用途**：园景树。

▲ 刺皮星果椰肉穗花序有刺，雄花乳白至黄色，具香气

▲ 刺皮星果椰（原产巴西、圭亚那）
Astrocaryum alatum

棕榈科椰子类

手杖椰子

- **植物分类**：桃榈属、栗椰属（*Bactris*）。
- **产地**：原产巴西、墨西哥热带地区，耐阴性强，常栽植于热带至亚热带地区荫蔽地点。
- **形态特征**：中型，丛生干。茎干茂密丛生，干高可达6米，幼干具长刺并密被黑褐色纤维，成株转光滑。羽状复叶，小叶线形或披针形，叶面浓绿色，叶背淡绿；叶柄密生细刺。肉穗花序，腋生，下垂，佛焰苞密被锐刺。果实卵形，紫红至紫黑色。本种多变异，故有许多变种或园艺栽培种。
- **繁育方法**：播种、分株法，种子发芽需2~4个月。
- **用途**：园景树。果实可供食用。

▲ 手杖椰子（原产巴西、墨西哥）
Bactris major

▲ 马岛窗孔椰子·贝加利椰子（原产马达加斯加）
Beccariophoenix madagascariensis

▲ 霸王棕·俾斯麦棕·霸王棕（原产马达加斯加）
Bismarckia nobilis

棕榈科椰子类

马岛窗孔椰子

- **别名**：贝加利椰子。
- **植物分类**：马岛窗孔椰属（*Beccariophoenix*）。
- **产地**：原产马达加斯加，濒危物种；在原产地虽是濒危植物，但热带地区植物园中常见栽培。
- **形态特征**：中型、单干。干高可达10米，径25～60厘米，茎干暗褐色。羽状复叶，小叶线形，长50～75厘米（幼株羽叶不分裂，羽片中有窗孔状间隙）。肉穗花序，腋生。果实球形，紫褐色。
- **繁育方法**：播种法，新鲜种子发芽需3～5个月。
- **用途**：园景树、行道树。

棕榈科棕榈类

霸王棕

- **别名**：俾斯麦棕、霸王桐。
- **植物分类**：霸王棕属（*Bismarckia*）。
- **产地**：原产马达加斯加岛，广泛栽植于热带至亚热带地区。
- **形态特征**：大型、单干。树形巨大壮硕，叶簇清逸素洁优雅，干高可达60米以上，径50～80厘米。叶掌状深裂，直径可达3米，叶面银灰色，裂片间有丝状纤维。雌雄异株，肉穗花序，雄花棕红色。果实卵状球形，果径3～4厘米，深褐色，种子有皱纹。
- **繁育方法**：播种法，种子发芽需2～4个月。
- **用途**：园景树、行道树。果实可食用。

▲ 霸王棕果实卵状球形，深褐色，果径3～4厘米

糖棕

- **别名**：扇棕、扇椰子。
- **植物分类**：糖棕属、扇棕属（*Borassus*）。
- **产地**：原产印度、泰国、马来西亚、印度尼西亚，常栽植于热带开阔而阳光充足地点。
- **形态特征**：大型，单干。树形巨大，干高可达30米以上，径60～80厘米。叶掌状中至深裂，直径可达3米，叶柄边缘有刺状齿牙，叶面青绿色至橄榄绿色。肉穗花序，腋生，下垂。果实皮鼓形或近球形，径6～10厘米，紫黑色。
- **繁育方法**：播种法，种子发芽极迟缓，宜直播于土壤之中。
- **用途**：园景树、行道树。花穗可酿酒，叶制工艺品。

▲糖棕果实皮鼓形或近球形，紫黑色，径6～10厘米

垂裂棕

- **别名**：木糖棕。
- **植物分类**：垂裂棕属（*Borassodendron*）。
- **产地**：原产泰国及马来半岛山区，常栽植于热带阳光及水分充足地区。
- **形态特征**：大型，单干。树冠开阔茎干笔直，干高15～25米，径25～35厘米，棕褐色，表面光滑，环节明显。叶掌状深裂至全裂，直径可达3.5米。雌雄异株，肉穗花序，腋生。果实球形，紫绿色或蓝棕色，径可达10厘米。
- **繁育方法**：播种法，种子发芽需2～4个月。
- **用途**：园景树、行道树。

▲糖棕·扇棕·扇椰子（原产印度、东南亚）
Borassus flabellifer（*Borassus flabelliformis*）

▲垂裂棕·木糖棕（原产马来半岛、泰国）
Borassodendron machadonis

▲ 冻椰·弓葵·布迪椰子（原产巴西、乌拉圭）
Butia capitata

▲ 毛苞冻椰·碧椰子·棉苞椰·紫苞冻椰（原产巴西）*Butia eriospatha*

棕桐科椰子类

冻椰

- ●**别名**：弓葵、布迪椰子。
- ●**植物分类**：冻椰属（*Butia*）。
- ●**产地**：原产巴西、乌拉圭；耐寒也耐热，广泛栽植于温带至热带地区，庭院、植物园中常见。
- ●**形态特征**：中型，单干。株高3～5米，叶柄基部包裹茎干，环节不明显。羽状复叶拱形生长，小叶狭线形或长披针形，银白色或银绿色，长40～60厘米，轻盈柔美；叶柄边缘有斜弯硬刺。肉穗花序，腋生，下垂。果实卵球形，径约2厘米，黄色。
- ●**繁育方法**：播种法，种子浸水后发芽仍需6～8个月。
- ●**用途**：园景树、行道树。果实可食用，制果汁、果酱、酿酒。

棕桐科椰子类

毛苞冻椰

- ●**别名**：碧椰子、棉苞椰、紫苞冻椰。
- ●**植物分类**：冻椰属（*Butia*）。
- ●**产地**：原产巴西南部开阔森林中；耐寒也耐热，常栽植于温带至热带开阔向阳地区。
- ●**形态特征**：中型，单干。干高5～8米，叶柄基部厚实包裹茎干，环节不明显。羽状复叶拱形生长，小叶长披针形，绿色或淡灰绿色；叶柄边缘有斜弯硬刺。肉穗花序，下垂。果实卵球形，黄色。
- ●**繁育方法**：播种法，种子浸水后发芽需6～10个月。
- ●**用途**：园景树、行道树。

▲ 毛苞冻椰小叶绿色或淡灰绿色（冻椰银白色），果实卵球形

巴拉圭冻椰

- ●**植物分类**：冻椰属（*Butia*）。
- ●**产地**：原产巴西南部、巴拉圭及阿根廷等开阔森林中；耐寒也耐热、耐旱，多栽植于温带至热带阳光充足之地区。
- ●**形态特征**：小型至中型，单干。株高2～5米，叶柄基部及纤维包裹茎干，环节不明显。羽状复叶向上开展，小叶线形或长披针形，蓝绿色，长30～50厘米；叶柄边缘密生刺状纤维。肉穗花序，腋生，下垂。果实卵球形，橙黄色。
- ●**繁育方法**：播种法，种子浸水后发芽需4～6个月。
- ●**用途**：园景树、行道树。果实可食用。

▲巴拉圭冻椰（原产南美洲）
Butia paraguayensis

台湾黄藤

- ●**别名**：土藤。
- ●**植物分类**：省藤属（*Calamus*）。
- ●**产地**：台湾特有植物，原生于中、低海拔山区。
- ●**形态特征**：攀缘性，丛生干。茎藤长可达70米，径2～4厘米。羽状复叶，叶总柄有逆刺；小叶阔披针形，长30～45厘米，宽3～5厘米；叶轴末端具刺鞭，其上有刺状突起；叶鞘有扁长锐刺。肉穗花序，雄花黄色。果实卵状椭圆形，长3～4厘米。
- ●**繁育方法**：播种法、分株法。
- ●**用途**：园景树。嫩芽可食用，茎藤可编织制家具。

▲台湾黄藤果实卵状椭圆形，黄色，果实表面有方格状鳞片

▲台湾黄藤·土藤（原产中国）
Calamus beccarii

▲ 睫毛省藤·缘毛省藤（原产印度尼西亚、马来西亚、泰国） *Calamus ciliaris*

▲ 台湾水藤·水藤（原产中国）
Calamus formosanus

睫毛省藤

- **别名**：缘毛省藤。
- **植物分类**：省藤属（*Calamus*）。
- **产地**：原产印度尼西亚苏门答腊西部至爪哇、马来西亚、泰国山区。
- **形态特征**：攀缘性，丛生干。茎干连同叶鞘直径3~5厘米，环节不明显。羽状复叶，小叶线状披针形，翠绿色，上下表面均被毛刺；叶轴末端不具刺鞭；叶柄具浅绿色扁平刺；叶鞘具刺鞭。雌雄异株，肉穗花序，腋生，雄花黄色。果实椭圆状球形，黄绿色。
- **繁育方法**：播种法、分株法。
- **用途**：园景树。嫩芽可食用，茎藤可供编织。

▲ 睫毛省藤叶柄具浅绿色扁平刺，叶鞘有刺鞭

台湾水藤

- **别名**：水藤。
- **植物分类**：省藤属（*Calamus*）。
- **产地**：中国台湾。
- **形态特征**：攀缘性，丛生干。茎藤伸长可达50米，径1.5~3厘米。羽状复叶，叶总柄有锐刺；小叶线形，长30~45厘米，宽1.5~2厘米；叶轴末端无衍生刺鞭；叶鞘无膝状突起，密生易断之扁平长刺。肉穗花序，腋生，雄花黄色。果实近球形，果长0.8~1.5厘米，果径1~1.5厘米，黄色。
- **繁育方法**：播种法、分株法。
- **用途**：园景树。嫩芽可食用，茎藤脆弱不适编织。

兰屿省藤

- ●**植物分类**：省藤属（*Calamus*）。
- ●**产地**：中国台湾。
- ●**形态特征**：攀缘性，单干。茎藤伸长可达30米，径3~6厘米。羽状复叶，叶总柄有逆刺；小叶狭披针形，长25~35厘米，宽1.5~2厘米；叶轴末端有刺鞭；叶鞘具光滑之膝状突起。肉穗花序，腋生，果实椭圆形，表面有覆瓦状黑褐色鳞片。
- ●**繁育方法**：播种法。
- ●**用途**：园景树。兰屿达悟族人常取嫩芽食用，茎藤供建材、编织，嫩叶可制成陶壶垫圈等。

隐萼椰子

- ●**植物分类**：隐萼椰子属（*Calyptrocalyx*）。
- ●**产地**：原产巴布亚新几内亚、马鲁古群岛潮湿雨林中，常栽植于热带水分充足之地。
- ●**形态特征**：中至大型，单干。干高8~12米，径15~20厘米，干皮光滑，环节明显。羽状复叶，拱形开展或略下垂，叶鞘圆筒状；幼株叶不分裂，顶端二裂，新叶呈红褐色；成树披针状线形，先端渐尖具齿，青绿色。肉穗花序，不分枝，鞭形花轴下垂，长达2~3米。果实卵状球形，红色。
- ●**繁育方法**：播种法。
- ●**用途**：园景树、行道树。

▲ 兰屿省藤（原产中国）
Calamus siphonospathus var. *sublaevis*

▲ 隐萼椰子幼株叶不分裂，顶端二裂，新叶红褐色

▲ 隐萼椰子（原产巴布亚新几内亚、马鲁古群岛）
Calyptrocalyx elegans

▲ 短穗鱼尾葵·丛立孔雀椰子·丛生鱼尾椰子（原产印度、东南亚） *Caryota mitis*

短穗鱼尾葵

- **别名**：丛立孔雀椰子、丛生鱼尾椰子。
- **植物分类**：鱼尾葵属、鱼尾椰属（*Caryota*）。
- **产地**：原产菲律宾、马来西亚、印度尼西亚、泰国、缅甸、印度等雨林地区，热带至温带地区普遍栽植。
- **形态特征**：大型，丛生干。干高可达20米，径15～20厘米，茎干部分包裹纤维，环节不明显。二回羽状复叶，小叶鱼鳍形，先端不规则咬切状。肉穗花序，腋生，下垂，长30～40厘米。果实球形，紫黑色。园艺栽培种有锦叶孔雀椰子。

- **繁育方法**：播种、分株法，种子发芽需6～12个月。
- **用途**：园景树、行道树。

▲ 短穗鱼尾葵肉穗花序，下垂，果实球形，紫黑色

▲ 沙捞越鱼尾葵（原产马来西亚）
Caryota no

沙捞越鱼尾葵

- **植物分类**：鱼尾葵属、鱼尾椰属（*Caryota*）。
- **产地**：原产马来西亚，普遍栽植于热带至亚热带潮湿开阔地区。
- **形态特征**：大型，单干。树冠高耸挺直，干高可达25米以上，径25～50厘米，茎干略被黑褐色纤维，灰白色，环节明显。二回羽状复叶，叶柄斜上开展；小叶阔鱼鳍形，先端不规则咬切状开裂，叶色青翠优雅。肉穗花序，腋生，下垂。果实球形，黑色。
- **繁育方法**：播种法，种子发芽需6～12个月。
- **用途**：园景树、行道树。

棕榈科椰子类

孔雀椰子

- **别名**：董棕。
- **植物分类**：鱼尾葵属、鱼尾椰属（*Caryota*）。
- **产地**：原产喜马拉雅山、印度、缅甸及斯里兰卡，热带至温带地区普遍栽植。
- **形态特征**：大型，单干。干高可达25米，径20～40厘米，灰白色，部分包裹纤维，环节明显。二回羽状复叶，小叶鱼鳍形，先端咬切状，顶小叶先端尾尖。肉穗花序，下垂。果实球形，红色。
- **繁育方法**：播种法，种子发芽需3～4个月。
- **用途**：园景树、行道树。干可供建材，花穗汁液制糖、酿酒；茎髓可采淀粉制西米，纤维制绳索。

棕榈科椰子类

斑纹鱼尾葵

- **植物分类**：鱼尾葵属、鱼尾椰属（*Caryota*）。
- **产地**：原产巴布亚新几内亚，常栽植于热带阳光充足之地。
- **形态特征**：中型，单干。树冠拱形开展，干高可达8米，径12～20厘米，茎干灰褐色，部分包裹纤维，环节不明显。二回羽状复叶，小叶鱼鳍形或扇形，先端咬切状，叶柄暗红褐色具灰白色横条纹，特征明显，颇为殊雅。肉穗花序，腋生，下垂。果实球形，黑色。
- **繁育方法**：播种法，种子发芽需6～9个月。
- **用途**：园景树、行道树。

▲ 孔雀椰子·董棕（原产喜马拉雅山、印度、缅甸、斯里兰卡） *Caryota urens*

▲ 斑纹鱼尾葵（原产巴布亚新几内亚） *Caryota zebrina*

▲ 斑纹鱼尾葵（原产巴布亚新几内亚） *Caryota zebrina*

翠玉袖珍椰

- **别名**：翠玉椰子。
- **植物分类**：袖珍椰属、坎棕属（*Chamaedorea*）。
- **产地**：原产中美洲热带至亚热带地区。
- **形态特征**：小型，单干。茎干细长，高度低于1米，青绿色，径小于3厘米，环节明显。羽状复叶，幼株分裂不明显，先端呈V形开裂；小叶窄长椭圆形，蓝绿色。肉穗花序，具分枝，腋生，直立上扬。果实卵形或卵球形，紫黑色。

- **繁育方法**：播种法，喜好荫蔽，育苗必须遮阴，种子发芽需3～5个月。
- **用途**：园景树、盆栽。性耐阴，可当室内观叶植物。

▲翠玉袖珍椰·翠玉椰子（原产伯利兹、危地马拉）
Chamaedorea adscendens

▲翠玉袖珍椰幼株羽状叶分裂不明显，先端呈V形开裂

娇小玲珑椰

- **别名**：茶马椰子。
- **植物分类**：袖珍椰属、坎棕属（*Chamaedorea*）。
- **产地**：原产墨西哥、哥斯达黎加及洪都拉斯，温带至热带地区普遍栽植。
- **形态特征**：小型，单干或丛生干。茎干2～3米，暗绿色，径2～3厘米，环节明显。羽状复叶，幼株不甚分裂，仅先端二裂，成长后小叶狭披针形，叶簇青翠。肉穗花序，具分枝，直立上扬，雌花穗状，花黄色。果实球形，蓝黑色，径1～2厘米。
- **繁育方法**：播种、分株法，育苗期间需遮阴。
- **用途**：园景树、盆栽。植株耐阴，为优良之室内观叶植物。

▲娇小玲珑椰·茶马椰子（原产中美洲）
Chamaedorea geonomiformis

棕榈科椰子类

璎珞袖珍椰

- ●别名：瀑布椰子、湿生袖珍椰。
- ●植物分类：袖珍椰属、坎棕属（*Chamaedorea*）。
- ●产地：原产墨西哥，常栽植于温带至热带荫蔽的地方。
- ●形态特征：小型，丛生干。茎干低于3米。羽状复叶，小叶线形或狭披针形。肉穗花序，分枝多，直立，果梗鲜红色。果实卵球形，果实成熟由红转紫黑色。
- ●繁育方法：播种、分株法。种子发芽需2～4个月。
- ●用途：园景树、盆栽。耐阴，可当室内观叶植物。

▲璎珞袖珍椰·瀑布椰子·湿生袖珍椰（原产墨西哥）*Chamaedorea cataractarum*

棕榈科椰子类

竹茎袖珍椰

- ●别名：裂叶玲珑椰子、雪佛里椰子、绿茎坎棕。
- ●植物分类：袖珍椰属、坎棕属（*Chamaedorea*）。
- ●产地：原产危地马拉、洪都拉斯。
- ●形态特征：小型，丛生干。茎干2～4米，形似竹节。羽状复叶，小叶阔披针形，先端之小叶呈V形鱼尾状。肉穗花序，橙黄色。果实绿褐色。
- ●繁育方法：播种、分株法。
- ●用途：园景树、盆栽。可当室内观叶植物。

▲竹茎袖珍椰·裂叶玲珑椰子·雪佛里椰子·绿茎坎棕（原产危地马拉、洪都拉斯）*Chamaedorea seifrizii*

棕榈科椰子类

银玲珑椰

- ●别名：鱼尾椰子。
- ●植物分类：袖珍椰属、坎棕属（*Chamaedorea*）。
- ●产地：墨西哥特有植物，热带至亚热带普遍栽植。
- ●形态特征：小型，单干。茎干低于2米。单叶，先端二裂，形似鱼尾，具蓝绿色金属光泽。雌雄异株，肉穗花序，直立，花黄色。果实球形，紫黑色。
- ●繁育方法：播种法，种子发芽需6～8个月。
- ●用途：园景树、盆栽。植株耐阴，可当室内植物。

▲银玲珑椰·鱼尾椰子（原产墨西哥）*Chamaedorea metallica*

▲袖珍椰·幸棕·客厅葵（原产墨西哥、危地马拉、伯利兹）*Chamaedorea elegans*

▲基生袖珍椰·山猫椰子（原产墨西哥）
Chamaedorea radicalis

袖珍椰

- ●**别名**：幸棕、客厅葵。
- ●**植物分类**：袖珍椰属、坎棕属（*Chamaedorea*）。
- ●**产地**：原产墨西哥、危地马拉及其他中美洲雨林地区，暖温带至热带地区普遍栽植。
- ●**形态特征**：小型，丛生干。茎干低于2.5米，径2.5～4厘米，环节明显，形似小竹。羽状复叶，疏生，小叶线状披针形，酷似竹叶。肉穗花序，分枝多，下垂。果梗绿转红色，果实球形，径约0.8厘米，紫黑色。
- ●**繁育方法**：播种、分株法，种子发芽需2～4个月。
- ●**用途**：园景树、盆栽。植株耐阴，可当室内植物；幼嫩花序可供沙拉生食或煮汤熟食。

▲袖珍椰肉穗花序，分枝多，小花黄色

基生袖珍椰

- ●**别名**：山猫椰子。
- ●**植物分类**：袖珍椰属、坎棕属（*Chamaedorea*）。
- ●**产地**：原产墨西哥潮湿森林中，热带至温带潮湿荫蔽地区普遍栽植。
- ●**形态特征**：小至中型，单干。干细长，一般高度低于3米，有时可达5米，径3～6厘米，环节明显。羽状复叶，小叶长椭圆形或狭披针形，蓝绿色。肉穗花序，具分枝，直立上扬，花梗黄色至橙红色。果实球形，橙红色。
- ●**繁育方法**：播种法，新鲜种子发芽需3～8个月。
- ●**用途**：园景树、盆栽。植株耐阴，为高级之室内观叶植物。

棕榈科椰子类

雪佛里椰子

- ●**植物分类**：茶马椰子属（*Chamaedorea*）。
- ●**产地**：原产墨西哥、危地马拉、伯利兹及洪都拉斯潮湿森林中，暖温带至热带地区普遍栽植，常为室内观叶植物。
- ●**形态特征**：小型，丛生干。干高可达3米，径2~3厘米，墨绿色，环节明显。羽状复叶多变，小叶线形或线状披针形，先端2片小叶较宽大。肉穗花序，具分枝，直立上扬；果梗橙红色，小花黄绿色，具香气。果实球形，径约0.6厘米，黑色。
- ●**繁育方法**：播种、分株法，种子发芽需3~6个月。
- ●**用途**：园景树、盆栽。植株耐阴，可当室内植物。

棕榈科棕榈类

欧洲棕

- ●**别名**：丛棕、欧洲矮棕。
- ●**植物分类**：欧洲棕（*Chamaerops*）。
- ●**产地**：原产地中海沿岸，耐寒也耐热，亚热带至温带地区广泛栽植。
- ●**形态特征**：中型，丛生干，偶单干。干高可达5米，径10~15厘米，茎干包裹褐色纤维，环节不明显。叶扇形掌状深裂，直径1~1.5米，裂片狭剑状；叶柄边缘有锐刺。肉穗花序黄色。果实扁球形，果实成熟由黄棕色转深褐色。
- ●**繁育方法**：播种、分株法，新鲜种子发芽约需3个月。
- ●**用途**：园景树。幼树耐阴，盆栽可当室内植物。

▲ 欧洲棕果实扁球形，深褐色

▲ 雪佛里椰子（原产中美洲）
Chamaedorea seifrizii

▲ 欧洲棕·丛棕·欧洲矮棕（原产地中海沿岸）
Chamaerops humilis

棕榈科椰子类

大果红心椰

- **别名**：大果肖肯椰子。
- **植物分类**：红心椰属、肖肯椰子属（*Chambeyronia*）。
- **产地**：原产新喀里多尼亚，多栽植于热带至温带地区。
- **形态特征**：大型，单干。树形高大，干高可达20米，径20～40厘米，表面浅绿色，光滑，环节明显。大型羽状复叶，拱形开展下垂，叶柄具短齿刺；小叶长椭圆形状披针形，新生羽叶呈红色为本种主要特征。肉穗花序，腋生，下垂。果实卵状球形，红褐色至棕褐色。
- **繁育方法**：播种法，新鲜种子发芽需3～4个月。
- **用途**：园景树、行道树。

▲ 大果红心椰·大果肖肯椰子（原产新喀里多尼亚）*Chambeyronia macrocarpa*

棕榈科棕榈类

琼棕

- **别名**：陈氏棕。
- **植物分类**：琼棕属（*Chuniophoenix*）。
- **产地**：中国海南岛特有植物，广泛栽植于暖温带至热带地区。
- **形态特征**：小至中型，丛生干。干高一般为2～3米，偶有单干者高可达8米，径3～7厘米，环节明显。叶掌状，深裂近基部，直径约2米，裂片线形；叶柄有深凹沟，基部无纤维。花序具分枝，长可达80厘米，花黄色。果实球形，红色。
- **繁育方法**：播种、分株法，种子发芽需3～6个月。
- **用途**：园景树、盆栽。幼株耐阴，可当室内植物。

▲ 琼棕·陈氏棕（原产中国）
Chuniophoenix hainanensis

▲ 琼棕花序具分枝，长可达80厘米，小花，黄色

小琼棕

- **别名**：矮琼棕。
- **植物分类**：琼棕属（*Chuniophoenix*）。
- **产地**：原产中国海南岛及越南，广泛栽植于暖温带至热带地区。
- **形态特征**：小型，丛生干。干高1～2米，径2～3厘米，环节明显。叶掌状，深裂至基部，直径50～70厘米，裂片披针形或倒披针形，叶柄具深凹沟。花序有分枝，长约40厘米。果实球形或卵状球形，红色。
- **繁育方法**：播种、分株法，种子发芽需3～6个月。
- **用途**：园景树、盆栽。植株耐阴，可当室内植物。

▲ 小琼棕·矮琼棕（原产中国、越南）
Chuniophoenix nana

▲ 小琼棕·矮琼棕（原产中国、越南）
Chuniophoenix nana

银叶棕

- **别名**：银棕、银扇葵。
- **植物分类**：银叶棕属、银棕属（*Coccothrinax*）。
- **产地**：原产美国佛罗里达州及加勒比海地区，热带至亚热带碱性土壤地区普遍栽植。
- **形态特征**：中型，单干。干高可达10米，径15～25厘米，叶柄基部宿存干上，并包裹棕褐色网状纤维，环节不明显。叶掌状，深裂至基部，直径可达2.5米；裂片线形或狭披针形，背面银白色。肉穗花序，分枝略下垂。果实球形，紫黑色。
- **繁育方法**：播种法，种子发芽需2～4个月。
- **用途**：园景树、行道树。

▲ 银叶棕·银棕·银扇葵（原产美国及加勒比海地区）*Coccothrinax argentata*

长发银叶棕

- **别名**：古巴银桐。
- **植物分类**：银叶棕属、银桐属（*Coccothrinax*）。
- **产地**：原产古巴低洼地区，常见栽植于热带至亚热带植物园中。
- **形态特征**：中型、单干。干高可达10米，径20～30厘米，茎干包覆丝状纤维，形似长发，为本种最明显的识别特征。叶掌状深裂，直径可达2.5米，裂片线形或狭披针形，背面银白色。肉穗花序，具分枝，下垂。果实球形，紫黑色。

▲ 长发银叶棕茎干包覆丝状纤维，形似长发

- **繁育方法**：播种法，种子发芽需3～5个月。
- **用途**：园景树、行道树。

▲ 长发银叶棕·古巴银桐（原产古巴）
Coccothrinax crinita

香银棕

- **植物分类**：银叶棕属、银桐属（*Coccothrinax*）。
- **产地**：原产古巴海边森林中，常栽植于热带至亚热带碱性土壤地区。
- **形态特征**：中型、单干。树形笔直开阔，干高可达7米，径12～20厘米，茎干包覆棕色网状纤维，叶柄基部宿存干上，环节不明显。叶掌状，深裂近基部，直径可达2米，裂片线形或狭披针形，叶面黄绿色，叶背银白色。肉穗花序，具分枝，下垂，花黄色，具香气。果实球形，紫黑色。
- **繁育方法**：播种法，种子发芽需3～4个月。
- **用途**：园景树、行道树。

▲ 香银棕（原产古巴）
Coccothrinax fragrans

古巴蓝银棕

- **植物分类**：银叶棕属、银桐属（*Coccothrinax*）。
- **产地**：古巴特有植物，常栽植于热带至亚热带阳光充足地区。
- **形态特征**：中型，单干。树冠开阔主干笔直，干高可达10米，径15~25厘米，幼株茎干包覆纤维，成长后渐转光滑，环节不明显。叶掌状中裂至深裂，直径可达2.5米，裂片狭披针形，叶面蓝绿色，叶背银白色。肉穗花序，具分枝，略下垂。果实球形，紫黑色。
- **繁殖方法**：播种法，种子发芽需4~6个月。
- **用途**：园景树、行道树。

米拉瓜银棕

- **植物分类**：银叶棕属、银桐属（*Coccothrinax*）。
- **产地**：古巴特有植物，常栽植于热带至亚热带阳光充足地区。
- **形态特征**：中型，单干。树冠开阔主干笔直，高可达10米，径20~30厘米，茎干和叶柄基部密覆棕褐色网状纤维，环节不明显。叶圆形掌状深裂，直径可达2.5米，裂片长椭圆状披针形至狭披针形，叶面蓝绿色，叶背银白色，厚纸质；叶簇姿色独具风格，引人注目。肉穗花序，具分枝，下垂。果实球形，紫黑色。
- **繁育方法**：播种法，种子发芽需3~4个月。
- **用途**：园景树、行道树。

▲ 米拉瓜银棕茎干和叶柄基部密覆网状纤维

▲ 古巴蓝银棕（原产古巴）
Coccothrinax littoralis

▲ 米拉瓜银棕（原产古巴）
Coccothrinax miraguama

▲椰子（原产热带太平洋诸岛）
Cocos nucifera

▲白蜡棕·铜叶葵（原产南美洲）
Copernicia alba

棕榈科椰子类

椰子

- ●**植物分类**：椰子属（*Cocos*）。
- ●**产地**：原产热带太平洋诸岛，热带至亚热带地区普遍种植。
- ●**形态特征**：大型，单干。树形高大，干高可达30米，径25～50厘米，表面光滑。大型羽状复叶，小叶线状披针形。肉穗花序，具分枝，腋生下垂，雄花黄绿色。果实三棱状球形，黄绿色或橙黄色。
- ●**繁育方法**：播种法，种子发芽需4～6个月。
- ●**用途**：园景树、行道树、经济果树。果实之果肉、汁液均可食用；果壳搅碎可供植栽培养介质。

▲椰子是热带地区经济果树，果肉、汁液可食用

棕榈科棕榈类

白蜡棕

- ●**别名**：铜叶葵。
- ●**植物分类**：蜡棕属（*Copernicia*）。
- ●**产地**：原产巴西、阿根廷、玻利维亚及巴拉圭低海拔地区，常见栽植于热带至亚热带阳光充足开阔地区。
- ●**形态特征**：大型，单干。树形巨大树冠开阔，干高可达30米以上，径45～70厘米，叶柄基部宿存。叶掌状中裂至深裂，直径可达2米，叶柄橙黄色，边缘具黑刺。肉穗花序，具分枝，腋生略上扬。果实卵球形，长约2厘米，紫黑色。
- ●**繁育方法**：播种法，新鲜种子发芽需2～4个月。
- ●**用途**：园景树、行道树。

贝氏蜡棕

- **别名**：壮蜡棕。
- **植物分类**：蜡棕属（*Copernicia*）。
- **产地**：古巴特有植物，常栽植于热带至亚热带阳光充足开阔之地。
- **形态特征**：大型，单干。树冠壮硕雄伟，干高可达20米以上，径50～70厘米，叶柄基部宿存，茎干灰白色。叶掌状中裂至深裂，直径可达1.6米，叶柄青绿色至橙黄色，边缘具黑刺。肉穗花序，腋生，长可达3米。果实卵球形，黑褐色。
- **繁育方法**：播种法，种子发芽需2～4个月，植株生长缓慢。
- **用途**：园景树、行道树。

▲ 贝氏蜡棕·壮蜡棕（原产古巴）
Copernicia baileyana

巨蜡棕

- **植物分类**：蜡棕属（*Copernicia*）。
- **产地**：古巴特有植物，常栽植于热带至亚热带阳光充足排水良好之开阔地。
- **形态特征**：大型，单干。树形高大开阔，干高可达30米以上，径50～70厘米，幼株叶柄基部宿存，成株茎干光滑，灰白色。叶掌状中裂至深裂，呈楔形扇状，直径可达1.6米，银灰色，叶柄边缘有黑刺。肉穗花序，具分枝，腋生略上扬。果实卵球形，黑紫色。
- **繁育方法**：播种法，新鲜种子发芽需2～4个月。
- **用途**：园景树、行道树。

▲ 贝氏蜡棕·壮蜡棕（原产古巴）
Copernicia baileyana

▲ 巨蜡棕（原产古巴）
Copernicia gigas

▲古巴蜡棕（原产古巴）
Copernicia hospita

▲大舌蜡棕·裙蜡棕（原产古巴）
Copernicia macroglossa

棕榈科棕榈类

古巴蜡棕

- ●**植物分类**：蜡棕属（*Copernicia*）。
- ●**产地**：古巴特有植物，植株耐盐碱，常栽植于热带至亚热带阳光充足地区。
- ●**形态特征**：中型，单干。茎干笔直树冠开阔，高可达10米，径15～25厘米，叶柄基部宿存，排列有序，环节不明显。叶掌状中裂至深裂，直径可达1米，直立；裂片狭披针形，蓝绿色，叶面被蜡质。肉穗花序，具分枝，腋生直立。果实球形，紫黑色。
- ●**繁育方法**：播种法，新鲜种子发芽需2～4个月。
- ●**用途**：园景树、行道树。

棕榈科棕榈类

大舌蜡棕

- ●**别名**：裙蜡棕。
- ●**植物分类**：蜡棕属（*Copernicia*）。
- ●**产地**：古巴特有植物，常栽植于热带至亚热带阳光充足排水良好之开阔地。
- ●**形态特征**：中型，单干。干高可达6米，径15～20厘米，枯老叶片常宿存于茎干，形似"裙摆"，为本种重要特征。叶掌状中裂，直径可达1米。肉穗花序，腋生，分枝长，黄褐色小花密集蓬松成串，奇特殊雅。果实球形，黑褐色。
- ●**繁育方法**：播种法，新鲜种子发芽需2～4个月。
- ●**用途**：园景树、行道树。

▲大舌蜡棕穗状花序，分枝长，黄褐色小花密集

巴西蜡棕

● **植物分类**：蜡棕属（*Copernicia*）。

● **产地**：巴西特有植物，产于湿地，常栽植于热带至亚热带。

● **形态特征**：大型，单干。干通直，高可达20米，径15～25厘米，叶柄基部宿存，直列有序，灰白色。叶掌状深裂，直径1.5～2米，叶柄边缘具黑刺；裂片狭披针形，两面被蜡质。肉穗花序，具分枝。果实卵球形，长约2.5厘米，紫褐色。

● **繁育方法**：播种法，种子发芽需2～4个月。

● **用途**：园景树、行道树。重要经济树种，叶蜡可制油漆、油墨；叶片可供编织；髓心可制西米或当饲料；果肉可食用，种子可当咖啡代替品。

▲巴西蜡棕叶柄基部宿存，直列有序，灰白色

▲巴西蜡棕（原产巴西）
Copernicia prunifera (Copernicia cerifera)

贝叶棕

● **别名**：行李椰子、吕宋糖棕、团扇葵。

● **植物分类**：贝叶棕属（*Corypha*）。

● **产地**：原产斯里兰卡、印度。

● **形态特征**：大型，单干。干高可达25米，径50～90厘米，叶柄基部宿存。叶掌状中裂至深裂，裂片剑形，革质；叶柄边缘具黑刺。大型花序，顶生，长可达7米，数十万朵小花乳白色，堪为世界最大花序。果实球形，径3～4厘米，棕褐色。

● **繁育方法**：播种法，种子发芽约需4个月。幼株种植后10年生长缓慢，20年后可能开花。

● **用途**：园景树、行道树。幼株茎髓可食用。古印度以叶片为重要抄经纸。

▲贝叶棕·行李椰子·吕宋糖棕·团扇葵（原产斯里兰卡、印度）*Corypha umbraculifera*

长柄贝叶棕

- **别名**：金丝桐。
- **植物分类**：贝叶棕属（*Corypha*）。
- **产地**：原产东南亚、印度及澳大利亚北部。
- **形态特征**：大型，单干。树形高大，干高可达22米，径45～60厘米，叶柄基部呈螺旋状排列。叶掌状中裂至深裂，叶柄边缘具黑刺。大型花序，顶生，长可达6米，数十万朵小花。果实球形，棕褐色。识别特征：本种外形与贝叶棕极相似，本种叶柄比叶身长，叶柄呈螺旋状排列，可与贝叶棕区别。
- **繁育方法**：播种法，种子发芽需3～5个月。
- **用途**：园景树、行道树。

▲长柄贝叶棕树形高大，作者助理爬上茎干，显得很矮小

▲长柄贝叶棕·金丝桐（原产东南亚、印度、澳大利亚）　*Corypha utan (Coryha elata)*

瓦氏叉刺棕

- **植物分类**：叉刺棕属、根刺棕属（*Cryosophila*）。
- **产地**：原产尼加拉瓜、哥斯达黎加及巴拿马潮湿森林中；常栽植于热带地区轻微盐碱土壤且略荫蔽之地。
- **形态特征**：大型，单干。干高可达15米，径10～18厘米，疏生黄褐色长刺，环节不明显。叶掌状中裂至深裂，直径1.5～2米，叶面暗绿色，叶背银白色；叶柄近基部有丝网状纤维。花序腋生，下垂，长约60厘米。果实梨形，白色。
- **繁育方法**：播种法，种子发芽需4～12个月。
- **用途**：园景树、行道树。

▲瓦氏叉刺棕（原产中美洲）
Cryosophila warscewiczii

棕榈科椰子类

红椰

- **别名**：猩红椰子、红槟榔。
- **植物分类**：红椰属（*Cyrtostachys*）。
- **产地**：原产马来西亚、苏门答腊及泰国潮湿森林中，主栽于热带地区高温潮湿之地。
- **形态特征**：中型，丛生干。干高可达10米，径5~7厘米，茎干黄绿色，环节明显。羽状复叶，长可达2米，小叶线形；叶鞘、叶柄、冠茎鲜红色。肉穗花序，腋生，下垂。果实卵球形，黑色。
- **繁育方法**：播种、分株法，新鲜种子发芽需2~4周。性喜高温。
- **用途**：园景树。植株生长缓慢，耐潮湿，盆栽可放入浅水中。

棕榈科椰子类

网实椰子

- **别名**：飓风椰子。
- **植物分类**：网实椰子属（*Dictyosperma*）。
- **产地**：原产毛里求斯、马来西亚。
- **形态特征**：大型，单干。干高可达15米，径20~30厘米，环节明显，基部明显膨大。羽状复叶，小叶线形，长可达1米；冠茎灰白至淡黄绿色。肉穗花序，下垂，花黄红色。果实卵形，紫黑色。变种有黄网实椰子、红网实椰子，幼株叶脉、叶缘红色，冠茎淡红色。
- **繁育方法**：播种法，新鲜种子发芽需2~3个月。
- **用途**：园景树、行道树。嫩芽可食用。

▲红椰·猩红椰子·红槟榔（原产马来西亚、苏门答腊、泰国）*Cyrtostachys renda (Cyrtostachys lakka)*

▲红网实椰子（原产毛里求斯）*Dictyosperma album var. rubrum*

▲黄网实椰子（原产马来西亚）*Dictyosperma album var. aurcum*

▲网实椰子·飓风椰子（原产毛里求斯、马来西亚）*Dictyosperma album*

▲ 塞舌尔王椰·珍珠椰子（原产塞舌尔群岛）
Deckenia nobilis

▲ 榄形木果椰·榄形桐（原产马鲁古群岛、巴布亚新几内亚）*Drymophloeus oliviformis*

塞舌尔王椰

- ●别名：珍珠椰子。
- ●植物分类：塞舌尔王椰属（*Deckenia*）。
- ●产地：非洲塞舌尔群岛特有植物，常栽植于热带至亚热带地区。
- ●形态特征：大型，单干。干高15～25米，径50～80厘米，棕褐色，基部明显膨大。羽状复叶，叶总柄略呈三角形，幼茎、叶鞘、叶柄有暗褐色锐刺，随成长而渐脱落；小叶线状披针形，革质，青绿色。肉穗花序，具分枝，花梗有刺。果实球形，紫黑色。

- ●繁育方法：播种法，种子发芽需4～12个月。
- ●用途：园景树、行道树。生长缓慢，幼株耐阴，盆栽可当观叶植物。

▲ 塞舌尔王椰幼茎有锐刺，随成长而渐脱落

榄形木果椰

- ●别名：榄形桐。
- ●植物分类：木果椰属（*Drymophloeus*）。
- ●产地：原产马鲁古群岛及巴布亚新几内亚潮湿森林中，常栽植于热带至亚热带荫蔽之地。
- ●形态特征：小型，单干。茎干细长，一般高度低于3米，径5～10厘米，棕褐色，木质柔软，环节明显。羽状复叶，小叶楔形，顶端宽且具齿，略呈暗绿色。肉穗花序，分枝，腋生下垂。果实卵球形，红色。
- ●繁育方法：播种法，新鲜种子发芽需2～3个月。生长缓慢，耐阴，叶簇受阳光直射极易烧焦。
- ●用途：园景树、行道树。

三角椰

- **植物分类**：马岛椰属、金果椰属（*Dypsis*）。
- **产地**：原产于非洲马达加斯加岛南方森林中，普遍栽植于热带至暖温带地区。
- **形态特征**：中型，单干。干高5～8米，最高有10米的纪录，径25～40厘米，表面光滑，环节明显。羽状复叶，拱形上扬，排成3列，冠茎三角形；小叶线形，蓝色至银灰色。花序具三分枝，腋生下垂。果实卵球形，黄色至黄绿色。
- **繁育方法**：播种法，新鲜种子发芽需2～3个月。生性强健，耐强光、耐干旱。
- **用途**：园景树、行道树。

▲三角椰果实卵球形，熟果黄绿色

大黄椰

- **别名**：大散尾葵。
- **植物分类**：马岛椰属、金果椰属（*Dypsis*）。
- **产地**：原产马达加斯加岛雨林中，常见栽植于热带至暖温带阳光充足地区。
- **形态特征**：中型，丛生干。外形酷似大型黄椰子，干高可达10米，径8～15厘米，表面光滑，灰绿色，环节明显酷似竹干。羽状复叶，弧形开展，小叶剑状线形，青绿色至墨绿色；冠茎灰白至灰绿色。肉穗花序，具分枝，腋生下垂。果实椭圆形，红色。
- **繁育方法**：播种、分株法，新鲜种子发芽2～4个月。
- **用途**：园景树、行道树、盆栽。

▲三角椰（原产马达加斯加）
Dypsis decaryi (*Neodypsis decaryi*)

▲大黄椰·大散尾葵（原产马达加斯加）
Dypsis cabadae (*Chrysalidocarpus cabadae*)

▲红鞘椰子・红颈椰子・红三角椰（原产马达加斯加）Dypsis lastelliana (Neodypsis lastelliana)

▲散尾葵・黄椰子（原产马达加斯加）
Dypsis lutescens (Chrysalidocarpus lutescens)

棕榈科椰子类

红鞘椰子

- **别名**：红颈椰子、红三角椰。
- **植物分类**：马岛椰属、金果椰属（Dypsis）。
- **产地**：原产马达加斯加岛，但目前该岛已无野生族群，常栽植于热带至暖温带地区。
- **形态特征**：大型，单干。树形开阔，干通直，高可达13米以上，径25～40厘米，表面光滑，环节明显。羽状复叶，拱形上扬，长约1.5米，小叶线形；冠茎红棕色，为本种重要特征。花序具分枝，腋生上扬。果实卵球形，暗棕色。
- **繁育方法**：播种法，种子发芽需2～4个月。
- **用途**：园景树、行道树。

▲红鞘椰子冠茎红棕色，为本种重要特征

棕榈科椰子类

散尾葵

- **别名**：黄椰子。
- **植物分类**：马岛椰属、金果椰属（Dypsis）。
- **产地**：原产马达加斯加岛，常栽植于热带至亚热带地区，为世界最普遍种植的棕榈植物之一。
- **形态特征**：中型，丛生干。茎干茂密丛生，干高可达9米，径10～20厘米，表面光滑，环节明显。羽状复叶，长可达2米，黄绿色，小叶线形；冠茎黄色。花序具分枝，下垂。果实卵球形，黄色。园艺栽培种有合叶黄椰。
- **繁育方法**：播种、分株法，新鲜种子发芽需2～3个月。
- **用途**：园景树、行道树、盆栽。

马岛椰

- **别名**：马岛散尾葵。
- **植物分类**：马岛椰属、金果椰属（*Dypsis*）。
- **产地**：原产马达加斯加岛，热带及亚热带开阔地区普遍种植。
- **形态特征**：中至大型，单干或2～4干丛生，干高可达15米，径20～30厘米，表面光滑，环节明显。羽状复叶，拱形下垂，排成3列，冠茎略呈三角形；幼株小叶阔披针形，成年树渐转线形。肉穗花序，下垂。果实椭圆形，先端具喙，果实成熟由红色转紫黑色。园艺栽培种有斑叶马岛椰，叶具黄色斑纹。
- **繁育方法**：播种、分株法，新鲜种子发芽需2～4个月。
- **用途**：园景树、行道树。

▲马岛椰·马岛散尾葵（原产马达加斯加） *Dypsis madagascariensis*（*Chrysalidocarpus madagascariensis*）

▲马岛椰果实椭圆形，紫黑色，先端具喙

▲斑叶马岛椰（栽培种） *Dypsis madagascariensis* 'Variegata'

▲合叶黄椰（栽培种）
Dypsis lutescens 'Proper Leafs'

▲马岛椰成年树小叶线形。肉穗花序，分枝多，下垂，黄色

油棕

- ●**别名**：油椰子。
- ●**植物分类**：油棕属、油椰子属（*Elaeis*）。
- ●**产地**：原产非洲中部和西部，热带国家最重要油料经济作物，广泛栽植于热带及亚热带开阔地区。
- ●**形态特征**：大型、单干。树形高大开阔，干高可达25米以上，径50～80厘米，叶柄基部宿存茎干，灰褐色，环节不明显。大型羽状复叶，拱形开展，长4～6.5米，小叶线形，长达1.4米。花序腋生，果实球形，亮黑色。
- ●**繁育方法**：播种法，种子发芽约需6个月。
- ●**用途**：园景树、行道树。中果皮可提炼食用油。

▲ 油棕·油椰子（原产非洲中部、西部）
Elaeis guineensis

▲ 油棕雄花序穗状，雌花序头状。果实球形，亮黑色

安汶椰子

- ●**别名**：异苞椰。
- ●**植物分类**：安汶椰子属（*Heterospathe*）。
- ●**产地**：原产马鲁古群岛之安汶岛潮湿雨林中，常栽植于热带略荫蔽地区。
- ●**形态特征**：大型、单干。茎干细直树冠开阔，高可达15米，径15～25厘米，表面光滑，灰褐色，环节不明显，基部略膨大。羽状复叶，拱形上扬或平伸，长3～4米；小叶狭线形，新生羽叶略带粉红色。肉穗花序，分枝多，腋生下垂。果实卵球形，白色。
- ●**繁育方法**：播种法，新鲜种子发芽需2～3个月。
- ●**用途**：园景树、行道树。嫩芽可做生菜沙拉食用。

▲ 安汶椰子·异苞椰（原产马鲁古群岛）
Heterospathe elata

荷威椰

- ●**别名**：富贵椰子。
- ●**植物分类**：荷威椰属（*Howea*）。
- ●**产地**：原产澳大利亚，广泛栽植于温带至亚热带略荫蔽地区。
- ●**形态特征**：中型，单干。干高可达10米，径10～20厘米，表面青绿色，环节明显。羽状复叶，拱形弯曲或下垂，长可达4米；小叶狭披针形，银绿色。穗状花序，腋生下垂。果实卵状椭圆形，褐色至红色。
- ●**繁育方法**：播种法，种子发芽非常迟缓，需6个月至数年。
- ●**用途**：园景树、行道树。耐阴，为高级室内植物。

卷叶荷威椰

- ●**别名**：盖屋椰子、垂羽荷威椰、金帝葵。
- ●**植物分类**：荷威椰属（*Howea*）。
- ●**产地**：原产澳大利亚，广泛栽植于温带至亚热带地区。
- ●**形态特征**：大型，单干。树冠开阔，茎干通直，高可达20米以上，径25～35厘米，表面光滑，环节明显。羽状复叶，拱形上扬或水平伸展，长可达5米；小叶狭披针形，先端下垂。穗状花序，自基部分枝，下垂。果实椭圆形或卵形，黄色至红色，开花结果后，通常需2年以上才能成熟。
- ●**繁育方法**：播种法，种子发芽迟缓，需6个月至数年。
- ●**用途**：园景树、行道树、盆栽。幼株甚耐阴，盆栽为高级之室内观叶植物。

▲卷叶荷威椰果实成熟黄至红色

▲荷威椰·富贵椰子（原产澳大利亚）
Howea belmoreana（*Kentia belmoreana*）

▲卷叶荷威椰·盖屋椰子·垂羽荷威椰·金帝葵
（原产澳大利亚）*Howea forsteriana*

▲ 酒瓶椰（原产毛里求斯、马来西亚）
Hyophorbe lagenicaulis

酒瓶椰

- ●**植物分类**：酒瓶椰属（*Hyophorbe*）。
- ●**产地**：原产毛里求斯、马来西亚，原生地近绝迹，但热带至亚热带地区普遍栽植。
- ●**形态特征**：中型，单干。干高1～3米，径35～70厘米；茎干下部肥大，形似酒瓶，环节明显。羽状复叶，拱形生长，略呈旋转；小叶披针形，叶面略带红色；冠茎黄绿色。花序由冠茎基部长出（腋生），分枝下垂。果实椭圆形，紫黑色。
- ●**繁育方法**：播种法，新鲜种子发芽需4～6个月。
- ●**用途**：园景树、行道树。

▲ 酒瓶椰果实椭圆形　　▲ 棍棒椰果实长圆筒形

棍棒椰

- ●**植物分类**：酒瓶椰属（*Hyophorbe*）。
- ●**产地**：原产马来西亚马斯加里尼岛，热带至亚热带地区普遍栽植。
- ●**形态特征**：中型，单干。树形笔直，干高3～5米，径10～30厘米，表面灰褐色，中部略膨大，两端较细，形似棍棒。羽状复叶，拱形生长，略呈旋转，小叶剑形或披针形，叶面略带黄色，叶背灰绿色；冠茎蓝绿色。花序由冠茎基部长出（腋生），分枝下垂。果实长圆筒形，暗红色至紫黑色。
- ●**繁育方法**：播种法，新鲜种子在6个月内发芽。
- ●**用途**：园景树、行道树。

▲ 棍棒椰（原产马来西亚）
Hyophorbe verschaffeltii

矮叉枝棕

- ●**别名**：矮姜饼棕、皮果棕。
- ●**植物分类**：叉枝棕属、叉干棕属（*Hyphaene*）。
- ●**产地**：原产马达加斯加岛及非洲东南部干旱地区，多栽植于热带至亚热带半干燥地区。
- ●**形态特征**：中型，丛生干，偶单干。干高4～6米，径15～30厘米，叶柄基部常包裹茎干，环节不明显。叶掌状深裂，银灰色；叶柄边缘有黑刺。雌雄异株，花序具分枝，腋生上扬，结实后下垂。果实扁梨形，长4～6厘米，黄褐色至橙褐色。
- ●**繁育方法**：播种、分株法，必须播种在深盆中，发芽需4～8个月。
- ●**用途**：园景树、行道树。

叉枝棕

- ●**别名**：非洲棕榈、埃及姜饼棕。
- ●**植物分类**：叉枝棕属、叉干棕属（*Hyphaene*）。
- ●**产地**：原产非洲东北部，尼罗河沿岸有大量族群；多栽植于热带至温带阳光充足地区。
- ●**形态特征**：大型，丛生干，茎干上部常分枝。干高可达15米，径20～40厘米，叶柄基部常包裹茎干，环节不明显。叶掌状中至深裂，叶长60～80厘米，呈灰绿色；叶柄边缘有黑刺。雌雄异株，花序具分枝，长可达3米。果实梨形，长可达7厘米，橙褐色。
- ●**繁育方法**：播种、分株法，种子发芽需4～12个月。
- ●**用途**：园景树。果实可食用，味似姜饼面包，故名"姜饼棕"。

▲叉枝棕果实可食用，味似姜饼面包

▲矮叉枝棕·矮姜饼棕·皮果棕（原产非洲、马达加斯加）*Hyphaene coriacea*

▲叉枝棕·非洲棕榈·埃及姜饼棕（原产非洲）*Hyphaene thebaica*

▲ 齿叶椰・彩果椰（原产加里曼丹岛）
Iguanura bicornis

▲ 菱叶棕・钻石椰・泰氏棕・马来葵（原产苏门
答腊、加里曼丹岛及泰国）
Johannesteijsmannia altifrons

棕榈科椰子类

齿叶椰

- **别名**：彩果椰。
- **植物分类**：齿叶椰属（*Iguanura*）。
- **产地**：原产加里曼丹岛热带雨林中，多栽植于热带至亚热带略荫蔽之地。
- **形态特征**：小型，丛生干。干高1～2米，径0.8～1.5厘米，竹节状，环节明显。羽状复叶，小叶鱼鳍形，先端咬切状。肉穗花序具分枝，腋生上扬。果实牙齿形，先端微凹，幼果白色，渐转红色，熟果紫黑色，果形奇致美观，为辨识重要特征。
- **繁育方法**：播种、分株法，种子发芽需2～5个月。
- **用途**：园景树、盆栽。植株耐阴，盆栽为高级之室内观叶植物。

棕榈科棕榈类

菱叶棕

- **别名**：钻石椰、泰氏棕、马来葵。
- **植物分类**：菱叶棕属、马来葵属（*Johannesteijsmannia*）。
- **产地**：原产苏门答腊、加里曼丹岛及泰国雨林中，常栽植于热带至亚热带潮湿荫蔽之地。
- **形态特征**：小型，单干。茎干极短，叶片伸出地面。叶掌状不分裂，钻石型或菱形，通常至少维持10枚叶片，长2.5～3.5米，两面皆为青绿色；叶柄基部有刺。花序具三分枝，直立，花白色。果实球形，棕褐色，表面有皱。叶簇高雅，颇受喜爱。
- **繁育方法**：播种法，种子发芽需3～4个月。
- **用途**：园景树、盆栽。耐阴，为高级观叶植物。

▲菱叶棕花序具三分枝，花梗直立，花白色

银菱叶棕

- **别名**：高雅泰氏桐、亮叶钻石椰。
- **植物分类**：菱叶棕属、马来葵属（*Johannesteijsmannia*）。
- **产地**：原产马来西亚、印度尼西亚山区多雾雨林中。
- **形态特征**：小型，单干。外形近似泰氏桐，茎干极短，叶片伸出地面。叶掌状不分裂，狭钻石形或狭菱形，长1.5～3米，叶面青绿色，叶背银白色；叶柄基部有刺。花序可达六分枝，花梗直立，花白色，具特殊气味。果实球形，棕褐色。
- **繁育方法**：播种法，新鲜种子发芽需3～4个月。
- **用途**：园景树、盆栽。耐阴，为高级观叶植物。

棕榈科 ARECACEAE (PALMAE)

▲ 银菱叶棕·高雅泰氏桐·亮叶钻石椰（原产马来西亚、印度尼西亚）*Johannesteijsmannia magnifica*

▲ 银菱叶棕花序可达六分枝，花梗直立，花白色

智利椰

- **别名**：智利蜜椰、智利糖棕。
- **植物分类**：智利椰属（*Jubaea*）。
- **产地**：原产南美洲智利干燥开阔地区，多栽植于暖温带阳光充足之地。
- **形态特征**：大型，单干。茎干粗壮通直，高可达25米，径60～120厘米，最粗有2米的记录；干表面光滑灰黑色，环节明显。羽状复叶，长可达4米；小叶线形，成熟后先端二裂。花序腋生下垂，长约1.2米。果实卵球形，褐色至黄色。
- **繁育方法**：播种法，生长缓慢，种子发芽需1年以上。
- **用途**：园景树、行道树。茎干可蒸制椰蜜或制酒，果实可糖渍食用。

▲ 智利椰（原产智利）
Jubaea chilensis（*Jubaea spectabilis*）

▲ 智利椰·智利蜜椰·智利糖棕（原产智利）
Jubaea chilensis（*Jubaea spectabilis*）

景观植物大图鉴③

207

▲ 南非丛椰·拟棕·卡菲尔椰子（原产南非）
Jubaeopsis caffra

▲ 泰国棕（原产泰国）
Kerriodoxa elegans

棕榈科椰子类

南非丛椰

- ●**别名**：拟棕、卡菲尔椰子。
- ●**植物分类**：南非丛椰属（*Jubaeopsis*）。
- ●**产地**：原产南非近海河边，常栽植于暖温带至亚热带，水分充足而排水良好之地。
- ●**形态特征**：中型，单干。干高4～8米，径8～20厘米，表面光滑，环节明显。大型羽状复叶，小叶线状披针形；冠茎呈浅绿色。雌雄异株，花序略分枝，腋生。果实三角状圆球形，黄色。
- ●**繁育方法**：播种法。种子发芽不易或发芽率低，播种后发芽时间无法确定。
- ●**用途**：园景树、行道树。

棕榈科棕榈类

泰国棕

- ●**植物分类**：泰国棕属（*Kerriodoxa*）。
- ●**产地**：原产泰国南部潮湿雨林中，常栽植于热带荫蔽而略潮湿地区。
- ●**形态特征**：中型，单干。干通直，具开阔树冠，干高3～6米，径8～15厘米，叶柄基部宿存干上，环节不明显。叶掌状浅裂，裂片披针形，先端平展或略下垂；掌叶直径1.5～2米，叶面暗绿色，叶背银白色，叶柄粗壮边缘无刺。雌雄异株，果实扁球形，橙色至橙黄色。
- ●**繁育方法**：播种法，新鲜种子发芽需2～4个月。
- ●**用途**：园景树、盆栽。幼树甚为耐阴，盆栽可当室内植物，叶簇婆娑优雅。

▲ 泰国棕果实扁球形，熟果橙色至橙黄色

红叶棕

- **别名**：红脉桐、红棕桐。
- **植物分类**：彩叶棕属、红脉桐属（*Latania*）。
- **产地**：原产留尼汪岛、毛里求斯，热带至暖温带地区普遍种植。
- **形态特征**：大型，单干。干高可达18米，径20～30厘米，灰褐色，环节明显。叶掌状中裂，裂片披针形；幼株叶柄有刺，叶柄、叶脉、叶缘带红色。雌雄异株，雌花序略上扬，果后下垂；雄花序具分枝呈条状下垂。果实倒卵状球形，棕褐色。
- **繁育方法**：播种法，种子发芽需1～3个月。
- **用途**：园景树、行道树，树冠雄壮健美。

▲红叶棕·红脉桐·红棕桐（原产留尼汪岛、毛里求斯）*Latania lontaroides (Cleophora lantaroides)*

黄叶棕

- **别名**：黄脉桐、黄金棕桐。
- **植物分类**：彩叶棕属、红脉桐属（*Latania*）。
- **产地**：原产毛里求斯罗德里格斯岛，热带至温带普遍种植。
- **形态特征**：大型，单干。干高可达16米，径20～30厘米，棕褐色，基部略膨大，环节明显。叶掌状浅至中裂，叶柄粗壮；幼株叶柄有刺，叶柄、叶脉均呈黄或橙黄色，成长后转为灰绿色。雌雄异株，雌花序分枝上扬；雄花序分枝成条状下垂。果实倒卵状球形，棕褐色。
- **繁育方法**：播种法，新鲜种子发芽需2～4个月。
- **用途**：园景树、行道树。

▲红叶棕果实倒卵状球形，棕褐色

▲红叶棕雄花序具分枝，呈条状下垂

▲黄叶棕幼株叶柄有刺，叶柄、叶脉呈黄色或橙黄色

▲黄叶棕·黄脉桐·黄金棕桐（原产罗德里格斯岛）*Latania verschaffeltii*

▲心叶轴榈（原产马来西亚）
Licuala cordata

▲盾叶轴榈（原产马来半岛、印度、缅甸、泰国）
Licuala peltata

▲苏门旺氏轴榈（原产泰国、马来半岛）
Licuala peltata var. sumawongii

▲圆扇轴榈（原产马来西亚）
Licuala orbicularis

棕榈科棕榈类

心叶轴榈

- ●**植物分类**：轴榈属（*Licuala*）。
- ●**产地**：原产马来西亚沙捞越之雨林地区。
- ●**形态特征**：小型，单干。茎干短或呈地下茎状，高0.5～2米，径2～5厘米，叶柄基部多宿存干上。掌状叶呈圆形，脉肋辐射状，叶缘齿状。穗状花序，腋生上扬。果实球形，橙红色。
- ●**繁育方法**：播种法。种子发芽需4～6个月。
- ●**用途**：园景树、盆栽。性耐阴，为高级室内植物。

棕榈科棕榈类

盾叶轴榈

- ●**植物分类**：轴榈属（*Licuala*）。
- ●**产地**：原产马来半岛、印度、缅甸、泰国等地区。
- ●**形态特征**：小至中型，单干。干高可达4.5米，径4～8厘米。叶掌状圆状盾形，裂片10～25枚，叶缘齿状。穗状花序不分枝，小花淡黄色被毛绒。果实卵形，橙红色。变种称苏门旺氏轴榈，不分裂，质薄，容易撕裂。
- ●**繁育方法**：播种法。种子发芽需4～6个月。
- ●**用途**：园景树、盆栽。耐阴，为优雅之室内植物。

棕榈科棕榈类

圆扇轴榈

- ●**植物分类**：轴榈属（*Licuala*）。
- ●**产地**：原产马来西亚潮湿雨林地区，常栽植于热带水分充足且荫蔽之地。
- ●**形态特征**：小型，单干。茎干短或呈地下茎状，高0.5～1.5米，环节不明显。掌状叶圆扇形，不分裂或略分裂且折叠，青绿色至亮绿色；叶基部呈阔V形开裂或截形，叶缘齿状。穗状花序，腋生上扬。果实椭圆状球形，红色。
- ●**繁育方法**：播种法。新鲜种子发芽需4～6个月。
- ●**用途**：园景树、盆栽。性耐阴，为高级室内植物。

圆叶刺轴榈

- **别名**：圆叶轴榈、扇叶轴榈。
- **植物分类**：轴榈属（*Licuala*）。
- **产地**：原产巴布亚新几内亚、所罗门群岛，常栽植于热带略荫蔽之地。
- **形态特征**：小至中型，单干。茎干直立，高2～5尺，径4～10厘米，黑褐色，环节不明显。掌状叶圆形几乎不分裂，亮绿色，直径可达2米，辐射状脉肋至叶片先端，叶缘齿状。花序具分枝，腋生上扬。果实球形，红色。
- **繁育方法**：播种法，新鲜种子发芽需3～6个月。
- **用途**：园景树、盆栽。耐阴，为优美之室内植物。

▲ 圆叶刺轴榈果实球形，红色

高干轴榈

- **别名**：澳大利亚轴榈、刺叶轴榈。
- **植物分类**：轴榈属（*Licuala*）。
- **产地**：原产澳大利亚东北部雨林地区，多栽植于热带至亚热带荫蔽而水分充足之地。
- **形态特征**：中至大型，单干。干直立，高5～18米，叶柄基部宿存茎干上，环节不明显。掌状叶圆形，裂片锥形，亮绿色，辐射状脉肋达裂片先端，叶缘齿状，叶柄长可达2米。大型花序具分枝，腋生上扬。果实球形，橙红色至红色。
- **繁育方法**：播种法，新鲜种子发芽需3～6个月。
- **用途**：园景树、盆栽。幼株性耐阴，为优良之室内植物。

棕榈科 ARECACEAE (PALMAE)

▲ 圆叶刺轴榈·圆叶轴榈·扇叶轴榈（原产巴布亚新几内亚、所罗门群岛）*Licuala grandis*

▲ 高干轴榈·澳大利亚轴榈·刺叶轴榈（原产澳大利亚）*Licuala ramsayi*

景观植物大图鉴③

211

▲粗轴榈（原产马来西亚、泰国、印度尼西亚、越南） *Licuala paludosa*

▲轮伞轴榈（原产南太平洋群岛）
Licuala glabra

棕榈科棕榈类

粗轴榈

- **植物分类**：轴榈属（*Licuala*）。
- **产地**：原产马来西亚、泰国、印度尼西亚及越南低地积水地区，多栽植于热带至亚热带水分充足地区。
- **形态特征**：小至中型，单干，偶有丛生干。茎干直立，叶片开阔，高2~6米，径可达18厘米，叶柄基部宿存干上，且包裹暗褐色纤维。掌状叶圆形，裂片长三角形，6~10枚，青绿色，辐射状脉肋达裂片先端，叶缘齿状，叶柄边缘有刺。大型花序，具分枝，腋生上扬。果实球形，红色。
- **繁育方法**：播种法，新鲜种子发芽需3~4个月。
- **用途**：园景树、盆栽。

棕榈科棕榈类

轮伞轴榈

- **植物分类**：轴榈属（*Licuala*）。
- **产地**：原产南太平洋群岛，常栽植于热带至亚热带略荫蔽之地。
- **形态特征**：小型，单干。干高0.5~2米，径2~4厘米，叶柄基部多宿存干上，环节不明显。叶掌状圆形，裂片线状狭三角形，14~22枚，脉肋达裂片先端，叶缘齿状，叶柄中至下部边缘有刺。花序分枝上扬。果实球形，橙红色。变种有短叶轴榈，裂片4~6枚，其中2枚呈V形相连。
- **繁育方法**：播种法，种子发芽需4~6个月。
- **用途**：园景树、盆栽。性耐阴，盆栽为高级室内植物。

▲短叶轴榈（原产南太平洋群岛）
Licuala glabra var. *selangorensis*

油点轴桐

- ●**植物分类**：轴桐属（*Licuala*）。
- ●**产地**：原产加里曼丹岛。
- ●**形态特征**：小型，单干。茎干高1~2米，径2~4厘米，黑褐色。叶掌状中裂至深裂，裂片阔线形，墨绿色具油渍状斑纹，叶缘齿状。花序具分枝，腋生上扬。果实球形，橙红色。
- ●**繁育方法**：播种法，新鲜种子发芽需3~6个月。
- ●**用途**：园景树、盆栽。耐阴，为优雅之观叶植物。

▲ 油点轴桐（原产加里曼丹岛）
Licuala mattanensi var. *tifrina*

沙捞越轴桐

- ●**植物分类**：轴桐属（*Licuala*）。
- ●**产地**：原产马来西亚沙捞越潮湿雨林中。
- ●**形态特征**：小型，单干。茎干高可达2米，径3~5厘米，叶柄基部多宿存干上。叶掌状圆形，裂片狭三角形，10~18枚，叶缘齿状，叶柄全枝都有锐刺。花序具分枝，腋生上扬。果实球形，红色。
- ●**繁育方法**：播种法，种子发芽需3~4个月。
- ●**用途**：园景树、盆栽。植株性耐阴，盆栽为高级之室内植物。

▲ 沙捞越轴桐（原产沙捞越）
Licuala sarawakensis

刺轴桐

- ●**植物分类**：轴桐属（*Licuala*）。
- ●**产地**：原产东南亚、中南半岛等地区。
- ●**形态特征**：小至中型，丛生干。茎干高2~6米，径5~8厘米，叶柄基部包裹纤维。叶掌状圆形，裂片狭三角形，8~16枚，叶缘齿状；叶柄中至下部有刺。花序腋生上扬。果实倒卵形至球形，橙黄色至紫红色。
- ●**繁育方法**：播种、分株法，种子发芽需4~6个月。
- ●**用途**：园景树。

▲ 刺轴桐（原产东南亚、中南半岛）
Licuala spinosa

棕榈科 ARECACEAE (PALMAE)

澳大利亚蒲葵

- **别名**：南方蒲葵。
- **植物分类**：蒲葵属（*Livistona*）。
- **产地**：原产澳大利亚东部亚热带至温带森林中，常见栽植于冷温带至亚热带地区。
- **形态特征**：大型，单干。树冠开阔干直立，高可达25米，径20～40厘米，叶柄基部宿存，并包裹红棕色纤维，环节不明显。叶掌状中裂至深裂，直径1～1.2米，裂片不下垂；叶柄长1.5～2米，边缘具黑刺。花序分枝多，腋生上扬。果实球形，红色至紫黑色。
- **繁育方法**：播种法，种子发芽需2～4个月。
- **用途**：园景树、行道树。

▲ 澳大利亚蒲葵·南方蒲葵（原产澳大利亚）
Livistona australis

班氏蒲葵

- **植物分类**：蒲葵属（*Livistona*）。
- **产地**：原产澳大利亚北部及巴布亚新几内亚热带地区，常栽植于热带至亚热带开阔而水分充足地区。
- **形态特征**：大型，单干。茎干直立，高可达12米或更高，径20～35厘米，叶柄基部常宿存干上，环节不明显。叶掌状中至深裂，直径0.8～1.2米；叶柄粗壮，长可达2米，边缘有黑刺。肉穗花序，分枝多，腋生上扬。果实球形，墨绿色。
- **繁育方法**：播种法，种子发芽需4～6个月。
- **用途**：园景树、行道树。

▲ 班氏蒲葵（原产澳大利亚、巴布亚新几内亚）
Livistona benthamii

▲ 班氏蒲葵果实球形，幼果黄绿色，墨绿色

蒲葵

- **别名**：葵树、扇叶葵。
- **植物分类**：蒲葵属（*Livistona*）。
- **产地**：原产中国南部、中南半岛、日本，广泛栽植于热带至暖温带地区。
- **形态特征**：大型，单干。干直立高耸，高可达20米，径20～35厘米，幼株叶柄基部宿存，并包覆黑褐色纤维，成长后脱落，树干具纵向裂纹。叶阔肾形掌状中裂，裂片线形或线状披针形，先端下垂；叶柄粗大，两侧有逆刺。花序分枝多，腋生上扬。果实椭圆形，蓝褐色。
- **繁育方法**：播种法，种子发芽需2～3个月。
- **用途**：园景树、行道树。

▲ 蒲葵·葵树·扇叶葵（原产中国、中南半岛、日本）*Livistona chinensis*

▲ 蒲葵肉穗花序，分枝多，小花黄色。果实椭圆形，蓝褐色

密叶蒲葵

- **别名**：穆氏蒲葵。
- **植物分类**：蒲葵属（*Livistona*）。
- **产地**：原产澳大利亚东北部及巴布亚新几内亚开阔地区，多栽植于热带至亚热带阳光充足之开阔地。
- **形态特征**：大型，单干。树冠开阔干直立，高可达20米，径20～40厘米，叶柄基部宿存干上，成长后脱落，树皮灰褐色，环节明显。叶掌状中裂至深裂，裂片线形，多数不下垂，叶柄边缘有刺。花序具分枝，腋生上扬。果实球形，蓝黑色。
- **繁育方法**：播种法，新鲜种子发芽需6～8个月。
- **用途**：园景树、行道树。

▲ 密叶蒲葵·穆氏蒲葵（原产澳大利亚、巴布亚新几内亚）*Livistona muelleri*

昆士兰蒲葵

- ●**植物分类**：蒲葵属（*Livistona*）。
- ●**产地**：原产澳大利亚昆士兰中部开阔地区，常栽植于热带至亚热带开阔而水分充足地区。
- ●**形态特征**：大型，单干。干直立高耸，高10～20米，径20～40厘米，叶柄基部宿存茎干，并包裹棕褐色纤维，环节不明显。叶掌状中裂至深裂，径1～1.5米，裂片细长，先端略下垂，叶柄边缘有黑刺。花序分枝多，腋生上扬。果实球形，黑色。
- ●**繁育方法**：播种法，种子发芽需3～4个月。
- ●**用途**：园景树、行道树。

▲昆士兰蒲葵（原产澳大利亚）
Livistona nitida

圆叶蒲葵

- ●**别名**：爪哇蒲葵。
- ●**植物分类**：蒲葵属（*Livistona*）。
- ●**产地**：原产马来西亚、印度尼西亚森林地区，热带至亚热带略荫蔽地区普遍种植。
- ●**形态特征**：大型，单干。树冠开阔干直立，高可达15米，径15～25厘米，棕褐色近平滑，环节明显。叶掌状浅裂至中裂，直径可达1.5米，裂片狭披针形，先端不下垂，叶柄边缘有刺。花序分枝多，腋生略下垂。果实扁球形，橙红色至紫黑色。
- ●**繁育方法**：播种法，种子发芽需2～4个月。
- ●**用途**：园景树、行道树、盆栽。幼株耐阴，盆栽为高级之室内观叶植物。

▲圆叶蒲葵·爪哇蒲葵（原产马来西亚、印度尼西亚）*Livistona rotundifolia*

▲圆叶蒲葵果实扁球形，橙红色至紫黑色

黑干圆叶蒲葵

- ●**植物分类**：蒲葵属（*Livistona*）。
- ●**产地**：原产菲律宾森林地区，热带至亚热带略荫蔽地区普遍种植。
- ●**形态特征**：大型，单干。植株外形近似圆叶蒲葵，树冠开阔干，干高可达20米，径20～30厘米，表面平滑，黑褐色，环节明显。叶掌状浅裂至中裂，裂片披针形或线形，先端不下垂，叶柄边缘有刺。肉穗花序，分枝多，小花黄色。果实球形，橙红至紫黑色。
- ●**繁育方法**：播种法，种子发芽需2～4个月。
- ●**用途**：园景树、行道树、盆栽。幼株耐阴，盆栽为高级室内观叶植物。

巨籽棕

- ●**别名**：海椰子。
- ●**植物分类**：巨籽棕属、海椰子属（*Lodoicea*），单属种植物。
- ●**产地**：非洲塞舌尔群岛特有植物，量稀少，热带地区偶见种植。
- ●**形态特征**：大型，单干。树冠开阔，干高可达30米，径25～45厘米，干皮棕褐色，近平滑。叶掌状浅裂至中裂，裂片窄披针形，先端二浅裂。雌雄异株，花序单一不分枝。果实卵球形，暗绿色。种子二裂状圆形，是世界最大、最重的种子。
- ●**繁育方法**：播种法。需用直播，发芽需12个月以上。
- ●**用途**：园景树。果实、种子均可当药用。

▲黑干圆叶蒲葵（原产菲律宾）
Livistona robinsoniana

▲巨籽棕·海椰子（原产塞舌尔群岛）
Lodoicea maldavica

▲巨籽棕种子圆形二裂状，重达20千克以上，是世界最大、最重的种子

所罗门西谷椰

- ●**植物分类**：西谷椰属（*Metroxylon*）。
- ●**产地**：原产巴布亚新几内亚、所罗门群岛及瓦努阿图雨林地区，多栽植于热带水分充足之地。
- ●**形态特征**：大型，单干。树冠开阔干直立，高可达30米，径40~70厘米，茎干粗糙灰褐色，环节明显。羽状复叶拱形上扬，小叶长披针形，叶柄基部粗壮。雌雄异株，花序二回分枝，大型顶生直立。果实卵球形，外被鳞片，径3~4厘米，黄绿色，随着果实成熟，植株会逐渐衰老死亡。
- ●**繁育方法**：播种法，种子发芽需3~4个月。
- ●**用途**：园景树、行道树。

▲所罗门西谷椰（原产巴布亚新几内亚）
Metroxylon salomonense

▲所罗门西谷椰 随着果实成熟，植株会逐渐衰老死亡

肾籽椰

- ●**植物分类**：肾籽椰属（*Nephrosperma*）。
- ●**产地**：非洲塞舌尔群岛特有植物，常栽植于热带潮湿且阳光充足开阔地区。
- ●**形态特征**：大型，单干。树冠开阔，干高可达16米，径10~15厘米，干皮光滑棕褐色，环节明显。羽状复叶拱形生长，长1.2~2米，小叶不规则线形，叶柄基部有疏刺。花序具分枝，腋生，略下垂。果实球形，红色；种子肾形具皱纹。
- ●**繁育方法**：播种法，种子发芽需2~3个月。
- ●**用途**：园景树、行道树。

▲肾籽椰（原产塞舌尔群岛）
Nephrosperma vanhoutteanum

黑狐尾椰

- ●**别名**：诺曼椰、银叶狐尾椰。
- ●**植物分类**：黑狐尾椰属、黑桐属（*Normanbya*）。
- ●**产地**：澳大利亚特有植物，产于东北部雨林或沼泽地区，热带至亚热带地区普遍栽植。
- ●**形态特征**：大型，单干。干高可达25米，径10～20厘米，表面光滑，环节明显。大型羽状复叶，拱形生长，小叶狭三角形，常分裂为3～7裂片，先端咬切状，排列呈狐尾状，叶面墨绿，叶背银灰色。花序具分枝，平出。果实卵球形，红色。
- ●**繁育方法**：播种法，种子发芽4～6个月。
- ●**用途**：园景树、行道树。树干中心硬实部分为澳大利亚原住民做鱼叉柄材料。

▲黑狐尾椰·诺曼椰·银叶狐尾椰（原产澳大利亚）*Normanbya normanbyi*

▲黑狐尾椰叶面墨绿色，叶背银灰色。肉穗花序，具分枝，平出

水椰

- ●**植物分类**：水椰属（*Nypa*），单属种植物。
- ●**产地**：原产中国及东南亚沿海咸水湿地，多栽植于热带潮湿且阳光充足地区。
- ●**形态特征**：小至中型，丛生干。地下茎匍匐性，无干，羽状复叶自根际抽生，长4～8米；小叶线状披针形，先端锐尖，质硬。肉穗花序，自根际抽生，雌雄同株异序，雌花序球形头状。聚合果，果实倒卵球形，有6棱，棕褐色或暗褐色。
- ●**繁育方法**：播种、分株法，发芽需3～4个月。
- ●**用途**：园景树。花梗可制糖、酿酒，种子白色可食用，取叶编织物品或铺盖屋顶材料。

▲水椰（原产中国及东南亚）
Nypa fruticans

尼梆刺椰子

- **植物分类**：尼梆刺椰子属、刺菜椰属（*Oncosperma*）。
- **产地**：原产东南亚海岸地区，常栽植于热带阳光充足且潮湿之开阔地区。
- **形态特征**：大型，丛生干。茎干密集直立，具开阔树冠，干高可达25米，径10～16厘米，干皮灰褐色，表面密生黑色长刺，环节不明显。羽状复叶，拱形下垂或弯垂；小叶线形或线状披针形，下垂；叶柄密被细刺。肉穗花序，腋生。果实球形，紫色至紫黑色。

- **繁育方法**：播种、分株法，新鲜种子发芽需3～6个月。
- **用途**：园景树。

▲尼梆刺椰子茎干细直，表面密生黑色长刺

▲尼梆刺椰子（原产东南亚）
Oncosperma tigillaria

凤尾椰

- **别名**：凤凰椰、紫红棕。
- **植物分类**：凤尾椰属（*Phoenicophorium*）。
- **产地**：非洲塞舌尔群岛特有植物，常栽植于热带潮湿地区。
- **形态特征**：大型，单干。茎干直立无支持根，干高12～20米，径10～20厘米，表面光滑，环节明显。羽状复叶，多不分裂或部分羽裂，先端二叉状，两面均青绿色，叶背具色斑；冠茎不明显。花序分枝上扬。果实椭圆形至卵形，红色。
- **繁育方法**：播种法，新鲜种子发芽需4～6个月。
- **用途**：园景树、行道树。

▲凤尾椰·凤凰椰·紫红棕（原产塞舌尔群岛）
Phoenicophorium borsigianum

加拿利海枣

- **别名**：加那利刺葵、长叶刺葵、加岛枣椰。
- **植物分类**：海枣属、刺葵属、枣椰属（*Phoenix*）。
- **产地**：原产非洲加拿利群岛，热带至暖温带阳光充足而排水良好之地区普遍栽植。
- **形态特征**：大型，单干。树形高大壮硕，干高可达25米，径40～70厘米，波状叶痕明显。羽状复叶坚韧，拱形平展，长约6米，灰绿色，小叶数近400枚，先端尖锐，排列整齐，内向折叠着生于叶轴。雌雄异株，花序具分枝，腋生上扬。果实卵状球形，长约2.5厘米，黄色或橙黄色。
- **繁育方法**：播种法，种子发芽需2～3个月。
- **用途**：园景树、行道树。生长缓慢，耐风、耐旱。

海枣

- **别名**：枣椰、伊拉克蜜枣。
- **植物分类**：海枣属、刺葵属、枣椰属（*Phoenix*）。
- **产地**：原产非洲北部及阿拉伯半岛；为世界最具经济价值三大棕榈科植物之一，热带至温带地区广泛栽植。
- **形态特征**：大型，单干或丛生干。幼株基部分蘖发达，状似丛生；成株茎干粗壮直立，高可达25米，叶痕明显。羽状复叶坚韧，拱形开展，长约6米；小叶线状披针形，硬直尖锐。雌雄异株，花序具分枝。果实椭圆形，长达7.5厘米，橙褐色。
- **繁育方法**：播种法，成熟种子发芽需2～3个月。
- **用途**：园景树、行道树。果实可食用，味甜蜜。

▲海枣果实椭圆形，橙褐色，味甜蜜可食用

▲加拿利海枣·加那利刺葵·长叶刺葵·加岛枣椰（原产非洲加拿利群岛）*Phoenix canariensis*

▲海枣·枣椰·伊拉克蜜枣（原产非洲、阿拉伯半岛）*Phoenix dactylifera*

刺葵

- ●**别名**：桄榔。
- ●**植物分类**：海枣属、刺葵属、枣椰属（*Phoenix*）。
- ●**产地**：原产中国、马来西亚、中南半岛、菲律宾。
- ●**形态特征**：中型，单干。茎干粗壮直立或略斜弯，高5～10米，径12～20厘米，残留之叶基明显，暗褐色。羽状复叶坚韧，拱形开展或下垂，浅银灰色，小叶先端锐尖。雌雄异株，花序具分枝，腋生上扬。果实椭圆形，长约1厘米，紫黑色。
- ●**繁育方法**：播种法，种子发芽需2～3个月。
- ●**用途**：园景树、行道树。果实可食用。

▲刺葵·桄榔（原产亚洲热带地区）
hoenix loureirii（Phoenix hanceana var. formosana）

▲刺葵肉穗花序，橙黄色，果实椭圆形，紫黑色

斯里兰卡海枣

- ●**别名**：斯里兰卡刺葵、斯里兰卡枣椰。
- ●**植物分类**：海枣属、刺葵属、枣椰属（*Phoenix*）。
- ●**产地**：原产印度南部及斯里兰卡沿岸地区，多栽植于温带至热带阳光充足开阔地区。
- ●**形态特征**：小至中型，单干或丛生干。茎干通直，干高2～6米，径20～40厘米，叶基宿存，棕褐色至暗褐色。羽状复叶坚韧，拱形开展或下垂，长2～3米，蓝绿色至灰绿色，小叶先端锐尖，排成4列，内向折叠着生于叶轴。雌雄异株，花序具分枝，腋生上扬。果实卵形，红色至紫蓝色。
- ●**繁育方法**：播种、分株法，种子发芽需2～3个月。
- ●**用途**：园景树、行道树。果实可食用。

▲斯里兰卡海枣·斯里兰卡刺葵·斯里兰卡枣椰（原产印度、斯里兰卡）*Phoenix pusilla（Phoenix zeylanica）*

非洲海枣

- **别名**：非洲刺葵、非洲枣椰、折叶刺葵。
- **植物分类**：海枣属、刺葵属、枣椰属（*Phoenix*）。
- **产地**：原产非洲东部及马达加斯加岛，多栽植于热带至亚热带阳光充足开阔地区。
- **形态特征**：中至大型，丛生干。茎干丛生数可达20株，粗壮常斜生，干高6～15米，径15～25厘米，叶柄基部宿存。羽状复叶坚韧，拱形生长，长3～6米；小叶先端锐尖，排成2列，内向折叠着生于叶轴。雌雄异株，花序具分枝，腋生上扬。果实卵形，长1.2～2厘米，橙褐色。
- **繁育方法**：播种、分株法。种子发芽需2～3个月。
- **用途**：园景树、行道树。生长缓慢，耐旱耐风。

软叶刺葵

- **别名**：美丽针葵、软叶枣椰。
- **植物分类**：海枣属、刺葵属、枣椰属（*Phoenix*）。
- **产地**：原产老挝、越南及中国，常栽植于热带至温带地区，为亚洲普遍栽培棕榈类之一。
- **形态特征**：小至中型，单干，偶丛生。茎干细长，高2～4米，径6～12厘米，宿存老叶基呈三角锥状，灰褐色。羽状复叶柔软，长达2米，墨绿色；小叶线状长披针形，2列，内向折叠着生于叶轴。雌雄异株，花序具分枝，腋生，平展或下垂。果实卵形或椭圆形，长1.2～1.5厘米，黑色。
- **繁育方法**：播种法，种子发芽需2～3个月。
- **用途**：园景树、行道树。耐阴，可当室内植物。

▲软叶刺葵果实卵形或椭圆形，黑色

棕榈科 ARECACEAE（PALMAE）

▲非洲海枣·非洲刺葵·非洲枣椰·折叶刺葵（原产非洲、马达加斯加岛）*Phoenix reclinata*

▲软叶刺葵·美丽针葵·软叶枣椰（原产中国、中南半岛）*Phoenix roebelenii*

景观植物大图鉴③

岩海枣

- **别名**：岩枣椰、长叶葵。
- **植物分类**：海枣属、刺葵属、枣椰属（*Phoenix*）。
- **产地**：原产印度、不丹山崖或岩石山区，常栽植于热带至亚热带开阔地区。
- **形态特征**：中型，单干。干通直，高5～8米，径15～30厘米，残留之叶基明显，暗褐色。羽状复叶拱形生长，略扭弯或下垂，长达3米，亮绿色；小叶线状披针形，质软，排列整齐，内向折叠着生于叶轴。雌雄异株，花序具分枝，腋生上扬。果实倒卵形，橙红色。
- **繁育方法**：播种法，新鲜种子发芽需2～3个月。
- **用途**：园景树、行道树。生长缓慢、耐旱、耐风。

▲岩海枣·岩枣椰·长叶葵（原产印度、不丹）
Phoenix rupicola

银海枣

- **别名**：野海枣、林刺葵、橙枣椰。
- **植物分类**：海枣属、刺葵属、枣椰属（*Phoenix*）。
- **产地**：原产印度及巴基斯坦，热带至温带地区广泛栽植。
- **形态特征**：中至大型，单干。茎干直立树冠开阔，干高8～15米，径20～30厘米，梯状叶基明显，基部常有分蘖芽。羽状复叶坚韧，拱形开展，银灰色或蓝绿色；小叶线状披针形，硬直锐尖，排成2～4列，内向折叠着生于叶轴。雌雄异株，花序具分枝，腋生上扬。果实椭圆形，暗紫红色。
- **繁育方法**：播种法，种子发芽需2～3个月。
- **用途**：园景树、行道树。熟果可食用。生长缓慢，耐旱耐风。

▲银海枣·野海枣·林刺葵·橙枣椰（原产印度、巴基斯坦）*Phoenix sylvestris*

▲银海枣果实椭圆形，暗紫红色

棕榈科椰子类

加冠山槟榔

- ●**植物分类**：山槟榔属（*Pinanga*）。
- ●**产地**：原产于印度尼西亚爪哇、苏门答腊等岛的潮湿雨林中，热带至亚热带地区普遍栽植。
- ●**形态特征**：小至中型，丛生干。干高2～5米，径8～15厘米，光滑，环节明显。羽状复叶，小叶线形，宽窄不等，长40～70厘米；冠茎鲜黄或黄绿色。肉穗花序，分枝多，绿色或红色，腋生，下垂，形似章鱼脚爪。果实圆锥形，暗红至紫黑色。
- ●**繁育方法**：播种、分株法。新鲜种子发芽2～3个月。
- ●**用途**：园景树、行道树。生性强健，幼树耐阴，盆栽为优美之室内观叶植物。

▲ 加冠山槟榔肉穗花序，绿色或红色，下垂，形似章鱼脚爪

棕榈科椰子类

金鞘山槟榔

- ●**别名**：金鞘椰子。
- ●**植物分类**：山槟榔属（*Pinanga*）。
- ●**产地**：原产印度山区潮湿森林中，常栽植于热带至亚热带略荫蔽地区。
- ●**形态特征**：小至中型，丛生干。干高2～6米，径8～15厘米，干皮光滑，黄绿色。羽状复叶，小叶线形或狭披针形，宽窄不等；叶鞘、冠茎黄至乳黄色。肉穗花序，分枝多，腋生，下垂。果实圆锥形，暗红至紫黑色。
- ●**繁育方法**：播种、分株法。新鲜种子发芽2～3个月。
- ●**用途**：园景树、行道树。幼树耐阴，盆栽为优美之室内观叶植物。

▲ 加冠山槟榔 （原产印度尼西亚）
Pinanga coronata (*Pinanga kuhlii*)

▲ 金鞘山槟榔·金鞘椰子 （原产印度）
Pinanga dicksonii

爪哇山槟榔

- ●**植物分类**：山槟榔属（*Pinanga*）。
- ●**产地**：原产印度尼西亚爪哇各岛屿之山区森林中，常栽植于热带至亚热带略荫蔽地区。
- ●**形态特征**：中型，单干。树冠开阔，茎干细直，高5～10米，径8～15厘米，干皮光滑，灰白色，环节明显。羽状复叶，长可达1.6米，硬革质，深绿色光泽明亮；小叶披针形，长约50厘米；冠茎亮绿色。肉穗花序，分枝多，腋生，下垂。果实圆锥形，丛悬于冠茎下，红色。
- ●**繁育方法**：播种法，新鲜种子发芽需3～4个月。
- ●**用途**：园景树、行道树、盆栽。

▲爪哇山槟榔（原产印度尼西亚）
Pinanga javana

山槟榔

- ●**别名**：兰屿槟榔。
- ●**植物分类**：山槟榔属（*Pinanga*）。
- ●**产地**：台湾特有植物，产于兰屿，多栽植于热带至亚热带略荫蔽之地。
- ●**形态特征**：中型，单干。干高可达5米，基部略膨大，径15～25厘米，干皮光滑，灰白色，环节明显。羽状复叶，长可达2米；小叶线形，第1～3小叶先端会生长丝状纤维，常达1米以上，下垂；冠茎黄棕色。肉穗花序，腋生，下垂，雄花乳白色，花瓣3枚。果实卵圆形，暗红色。
- ●**繁育方法**：播种法，新鲜种子发芽需3～4个月。
- ●**用途**：园景树、行道树。纤维可供编织，嫩芽可食用。

▲山槟榔·兰屿槟榔（原产中国）
Pinanga tashiroi（*Pinanga baviensis*）

▲山槟榔果实卵圆形，暗红色

二裂山槟榔

- ●**植物分类**：山槟榔属（*Pinanga*）。
- ●**产地**：原产马来西亚及苏门答腊潮湿雨林中，普遍栽植于亚热带至热带略荫蔽且湿度充足地区。
- ●**形态特征**：小型，丛生干。干高1~1.5米，径3~5厘米，表面光滑，鲜绿色或墨绿色，环节明显。羽状复叶，小叶线状披针形，顶端二叉裂，叶面颜色多变化，呈墨绿色、蓝色或青绿色等。肉穗花序，分枝多，腋生，下垂。果实圆锥形，红色或暗红色。
- ●**繁育方法**：播种法，种子发芽需3~4个月。
- ●**用途**：园景树、盆栽。性耐阴，为高级室内植物。

斐济桐

- ●**别名**：斐济金棕、太平洋棕。
- ●**植物分类**：斐济桐属、夏威夷葵属、太平洋棕属（*Pritchardia*）。
- ●**产地**：原产太平洋岛屿汤加、斐济等地区，热带至亚热带阳光充足而排水良好地区普遍栽植。
- ●**形态特征**：中至大型，单干。树冠环状开阔，茎干直立，高可达12米，径20~30厘米，表面平滑，灰褐色，环节明显。叶掌状浅裂，扇形，叶面折皱，先端细裂，叶柄长达1米。肉穗花序，具分枝，腋生上扬。果实球形，紫黑色。
- ●**繁育方法**：播种法，种子发芽需3~4个月。
- ●**用途**：园景树、行道树。植株耐盐碱，不耐霜寒。

▲二裂山槟榔（原产马来西亚、印度尼西亚）
Pinanga disticha

▲斐济桐·斐济金棕·太平洋棕（原产汤加、斐济）
Pritchardia pacifica

▲斐济桐·斐济金棕·太平洋棕（原产汤加、斐济）
Pritchardia pacifica

酒樱桃椰

- ●**别名**：葫芦椰子、酒肖刺葵。
- ●**植物分类**：樱桃椰属、肖刺葵属、葫芦椰子属（*Pseudophoenix*）。
- ●**产地**：原产中美洲海地、多米尼加、古巴，常栽植于热带至亚热带海岸地区。
- ●**形态特征**：中型，单干。干高可达8米，径20～30厘米，近基部较细，中上部膨大，光滑，灰褐色，环节明显。羽状复叶，小叶线形，质硬，先端锐尖，叶面蓝绿，叶背灰绿。肉穗花序，具分枝，腋生，直立。果实球形或具棱，橙红色，形似樱桃。
- ●**繁育方法**：播种法，种子发芽需3～4个月。
- ●**用途**：园景树、行道树。树形珍奇而脱俗。

▲酒樱桃椰·葫芦椰子·酒肖刺葵（原产海地、多米尼加、古巴）*Pseudophoenix vinifera*

昆奈皱子椰

- ●**别名**：昆奈青棕。
- ●**植物分类**：皱子椰属、皱子棕属（*Ptychosperma*）。
- ●**产地**：原产巴布亚新几内亚潮湿雨林地区，多栽植于亚热带至热带高湿度且略荫蔽之地。
- ●**形态特征**：中至大型，单干。干高可达7～12米，径8～20厘米，干皮光滑，青褐色，环节明显。羽状复叶拱形开展，小叶倒三角鱼鳍形，先端齿状；顶小叶倒三角形，二至三裂。肉穗花序，分枝多，花梗略紫红色。果实椭圆状球形，紫黑色。
- ●**繁育方法**：播种法。种子发芽需2～4个月。
- ●**用途**：园景树、行道树。

▲昆奈皱子椰肉穗花序，分枝多，花梗弯曲略紫红色

▲昆奈皱子椰·昆奈青棕（原产巴布亚新几内亚）*Ptychosperma cuneatum*

细皱子椰

- **别名**：细射叶椰子。
- **植物分类**：皱子椰属、皱子棕属（*Ptychosperma*）。
- **产地**：原产巴布亚新几内亚热带雨林地区，热带至亚热带水分充足或略荫蔽地区普遍栽植。
- **形态特征**：中型，丛生干。干细长通直，高3～6米，径4～6厘米，表面光滑，灰褐色，环节明显。羽状复叶拱形开展，长达2米，小叶长椭圆状披针形，长30～50厘米；冠茎呈黄绿色。肉穗花序，腋生，平展或上扬。果实椭圆状球形，红色。
- **繁育方法**：播种、分株法，种子发芽需2～3个月。
- **用途**：园景树、盆栽。树冠清秀优美，幼树耐阴，盆栽为高级室内观叶植物。

▲细皱子椰果实椭圆状球形，红色

皱子椰

- **别名**：海桃椰子、射叶椰子。
- **植物分类**：皱子椰属、皱子棕属（*Ptychosperma*）。
- **产地**：原产澳大利亚季风雨林地区，热带至亚热带水分充足或略荫蔽地区普遍栽植。
- **形态特征**：中型，单干。干高4～8米或更高，径7～12厘米，表面光滑，灰褐色，环节明显。羽状复叶拱形，长达2.5米，小叶长椭圆状披针形，长45～70厘米；冠茎呈灰绿色。肉穗花序，腋生，平展或略下垂。果实卵球形，红色。
- **繁育方法**：播种法，种子发芽需2～3个月。
- **用途**：园景树、行道树。

▲细皱子椰·细射叶椰子（原产巴布亚新几内亚）
Ptychosperma angustiflium

▲皱子椰·海桃椰子·射叶椰子（原产澳大利亚）
Ptychosperma elegans

▲ 马氏皱子椰·马氏射叶椰子（原产澳大利亚、巴布亚新几内亚）*Ptychosperma macarthurii*

▲ 酒椰·罗非亚酒椰子·象鼻棕（原产尼日利亚）
Raphia vinifera

马氏皱子椰

- **别名**：马氏射叶椰子。
- **植物分类**：皱子椰属、皱子棕属（*Ptychosperma*）。
- **产地**：原产澳大利亚北部及巴布亚新几内亚潮湿雨林地区，热带至亚热带地区普遍种植。
- **形态特征**：中至大型，丛生干。干高4～15米，径5～15厘米，表面光滑，棕褐色，上部呈绿色，白色环节明显。羽状复叶，长可达1.5米；小叶倒披针状阔线形，先端咬切状，叶面墨绿，叶背浅绿色。肉穗花序，具分枝，腋生平展或下垂。果实椭圆形或近球形，红色至紫红色。
- **繁育方法**：播种、分株法，种子发芽约需3个月。
- **用途**：园景树、行道树。

酒椰

- **别名**：罗非亚酒椰子、象鼻棕。
- **植物分类**：酒椰属、罗非亚椰子属（*Raphia*）。
- **产地**：原产西非洲尼日利亚之中部沼泽及潮湿地区，多栽植于热带至亚热带地区。
- **形态特征**：中型，单干。干高可达10米，径可达60厘米。大型羽状复叶，长可达12米；小叶有刺，线形，下垂，长可达2米。肉穗花序，下垂，长达2～4米，形似大象鼻子。果实球形，外被黄褐色鳞片，鳞片具有9条凹沟，棕褐色，随着果实成熟植株会渐渐衰老死亡。
- **繁育方法**：播种法。种子发芽需8个月以上。
- **用途**：园景树、行道树。花序汁液可制酒，叶片可铺盖屋顶，编织家具，果实可制精致工艺品。

▲ 酒椰果穗长达2～4米，形似大象鼻子

苏尼维椰子

- ●**植物分类**：国王椰属、溪棕属（*Ravenea*）。
- ●**产地**：原产马达加斯加及非洲大陆间的科摩罗岛潮湿森林中，濒危植物，但常见栽植于热带至暖温带地区各地庭院、植物园。
- ●**形态特征**：小型，单干。干高2~3米，径5~10厘米，干皮光滑，灰褐色，环节明显。羽状复叶，拱形开展或略下垂，暗绿色至蓝绿色；小叶线形，排列平整；冠茎不明显。雌雄异株，肉穗花序，具分枝，腋生下垂。果实球形，棕褐色。
- ●**繁育方法**：播种法，种子发芽需3~4个月。
- ●**用途**：园景树、行道树。

国王椰

- ●**别名**：非洲椰子。
- ●**植物分类**：国王椰属、溪棕属（*Ravenea*）。
- ●**产地**：原产马达加斯加荫蔽的溪岸，热带至暖温带普遍种植。
- ●**形态特征**：中型，单干。幼株茎干下部肥大，干高5~8米或更高，径40~70厘米，表面光滑，灰褐色。羽状复叶拱形略下垂，长可达2米；小叶线形，长可达60厘米；叶柄光滑，边缘具纤维。雌雄异株，肉穗花序，下垂。果实球形，红色。
- ●**繁育方法**：播种法，种子发芽需2~3个月。
- ●**用途**：园景树、行道树、盆栽。植株耐阴，半日照或略荫蔽之地点生长良好。

▲ 国王椰·非洲椰子（原产马达加斯加）
Ravenea rivularis

▲ 苏尼维椰子（原产马达加斯加、科摩罗岛）
Ravenea hildebrandti

▲ 国王椰·非洲椰子（原产马达加斯加）
Ravenea rivularis

▲窗孔椰·美兰葵·马劳蒂氏椰子（原产中美洲）
Reinhardtia gracilis

▲棕竹·筋头竹·高竹棕·大叶拐子棕（原产中国）*Rhapis excelsa* (*Rhaps flabelliformis*)

棕榈科椰子类

窗孔椰

- **别名**：马劳蒂氏椰子、美兰葵。
- **植物分类**：窗孔椰属（*Reinhardtia*）。
- **产地**：原产中美洲热带雨林中，常栽植于热带至亚热带湿度充足略荫蔽地区。
- **形态特征**：小型，丛生干，偶有单干。干高1.5~2.5米，径1~3厘米，青绿色，包被棕褐色叶鞘，环节不明显。羽状复叶，小叶多为4枚，顶端具粗齿，基部有长条裂孔，故名"窗孔椰"。肉穗花序，分枝多，直立。果实卵状椭圆形，黑色。
- **繁育方法**：播种、分株法，新鲜种子发芽需4~6个月。
- **用途**：园景树、盆栽。植株耐阴，可当室内植物。

棕榈科棕榈类

棕竹

- **别名**：筋头竹、高竹棕、大叶拐子棕。
- **植物分类**：棕竹属、竹棕属（*Rhapis*）。
- **产地**：原产中国南部，世界热带至温带广泛栽植。
- **形态特征**：小型，丛生干。干高1~2.5米，裸茎径2~3厘米，外被网状纤维。叶圆形掌状深裂，裂片4~10枚，线状披针形，先端略具钝齿；叶柄粗糙或具齿。雌雄异株，肉穗花序，腋生，直立。果实球形，象牙色。园艺栽培种有斑叶棕竹，叶面具有淡黄、白色条纹。
- **繁育方法**：播种、分株。分株为主，种子发芽需1.5~2.5个月。
- **用途**：园景树、盆栽。植株耐阴，为高级室内观叶植物。观音棕竹、细棕竹等变异种，叶片斑纹多变化，在日本视为高贵盆栽珍品。

▲斑叶棕竹（栽培种）
Rhapis excelsa 'Variegata'

棕榈科棕榈类

多裂棕竹

- **别名**：金山棕竹。
- **植物分类**：棕竹属、竹棕属（*Rhapis*）。
- **产地**：原产中国广西西部及云南东南部山区或石灰岩地，广泛栽植于温带至热带地区。
- **形态特征**：小型，丛生干。干高2～3米，外被暗褐色网状纤维。叶扇形掌状深裂，裂片15～30枚，线状披针形，先端具齿，硬直不下垂。雌雄异株，肉穗花序，二回分枝，腋生直立。果实球形。繁殖可用插种、分株法。适作园景树、盆栽。

▲ 多裂棕竹·金山棕竹（原产中国）
Rhapis multifida

棕榈科棕榈类

细棕竹

- **别名**：宽裂棕竹。
- **植物分类**：棕竹属、竹棕属（*Rhapis*）。
- **产地**：原产中国海南、广西及广东，广泛栽植于温带至热带。
- **形态特征**：小型，丛生干。干高1～2米，裸茎径0.5～1厘米，外被网状纤维。叶半圆形掌状深裂，裂片长椭圆状披针形，2～4枚或更多。雌雄异株，肉穗花序，直立。果实球形，棕褐色。园艺栽培种有小叶细棕竹、秀叶细棕竹、斑叶细棕竹，斑叶细棕竹叶面具黄色条纹。
- **繁育方法**：分株为主，种子发芽需1.5～3个月。
- **用途**：园景树、盆栽。植株耐阴，盆栽为高级之室内观叶珍品。

▲ 斑叶细棕竹 （栽培种）
Rhapiss gracilis 'Variegata'

▲ 细棕竹·宽裂棕竹（原产中国）
Rhapis gracilis

▲ 小叶细棕竹 （栽培种）
Rhapis excelsa 'Mini'

▲ 秀叶细棕竹 （栽培种）
Rhapis excelsa 'Parvifolia'

▲矮棕竹·细叶棕竹·棕榈竹·细叶拐子棕（原产中国）*Rhapis humilis*

矮棕竹

- **别名**：细叶棕竹、棕榈竹、细叶拐子棕。
- **植物分类**：棕竹属、竹棕属（*Rhapis*）。
- **产地**：原产中国广西、贵州及云南等地之石灰岩地区，广泛栽植于温带至热带地区。
- **形态特征**：小至中型，丛生干。干高2～4米，外被暗褐色网状纤维。叶扇形掌状深裂，裂片线状披针形，先端渐尖具齿。雌雄异株，肉穗花序，分枝多，腋生，直立。果实球形，褐色。
- **繁育方法**：播种、分株法。分株为主，种子发芽需4～6个月。耐阴、耐热，叶簇青翠柔美。
- **用途**：园景树、盆栽。为高级之室内观叶植物。

诺福克椰

- **植物分类**：新西兰椰属（*Rhopalostylis*）。
- **产地**：仅分布于南半球诺福克岛低地森林中，常栽植于温带至亚热带地区。
- **形态特征**：中至大型，单干。干高8～20米，径15～30厘米，表面光滑，灰褐色，环节明显。羽状复叶上扬，小叶披针形，先端锐尖；冠茎呈橄榄绿色，长约1米。肉穗花序，分枝多，腋生，下垂性。果实椭圆形或近球形，鲜红色。
- **繁育方法**：播种法，种子发芽需2～4个月。性喜温暖或冷凉，若种植于高温地区则生长迟缓或不良。
- **用途**：园景树、行道树。幼株为优良室内植物。

▲诺福克椰（原产诺福克岛）
Rhopalostylis baueri

▲诺福克椰果实椭圆形或近球形，先端突尖，鲜红色

棕榈科椰子类

新西兰椰

- **别名**：刷子椰子、香棕、尼卡椰子。
- **植物分类**：新西兰椰属（*Rhopalostylis*）。
- **产地**：原产新西兰潮湿森林中，多栽植于冷温带至亚热带开阔且阳光充足地区。
- **形态特征**：中至大型，单干。干高5～15米，径20～30厘米，表面光滑，灰褐色，环节明显。羽状复叶上扬；小叶披针形，先端锐尖，叶脉与叶柄密被白色鳞片。肉穗花序，分枝多，腋生，平展或略下垂。果实椭圆状球形，鲜红色。
- **繁育方法**：播种法，种子发芽需2～4个月。
- **用途**：园景树、行道树。性喜冷凉，不耐高温，高冷地生育良好。

棕榈科椰子类

佛州王椰

- **别名**：高茎王椰、高王棕。
- **植物分类**：王椰属、王棕属（*Roystonea*）。
- **产地**：原产美国佛罗里达炎热潮湿地区，热带至亚热带普遍栽植。
- **形态特征**：大型，单干。树冠开阔，茎干直立，干高可达30米以上，径30～50厘米，圆柱形，基部有时膨大。大型羽状复叶，拱形开展或下垂，小叶披针形；冠茎黄绿色。肉穗花序，分枝多，下垂。果实球形，紫红色（注：本种外形酷似大王椰子，有些学者主张将本种列为"大王椰子"的同物异名，然本种茎干灰色，基部膨大呈球茎状，花序也较大王椰子长）。
- **繁育方法**：播种法，种子发芽需2～3个月。
- **用途**：园景树、行道树。

▲ 新西兰椰·刷子椰子·香棕·尼卡椰子（原产新西兰）*Rhopalostylis sapida*

▲佛州王椰茎干基部膨大呈球茎状，为辨识重要特征

▲佛州王椰·高茎王椰·高王棕（原产美国）*Roystonea elata*

▲ 菜王椰·甘蓝椰子·菜王棕（原产特立尼达和多巴哥）*Roystonea oleracea*

▲ 大王椰子·王棕（原产中美洲）
Roystonea regia

棕榈科椰子类

菜王椰

- **别名**：甘蓝椰子、菜王棕。
- **植物分类**：王椰属、王棕属（*Roystonea*）。
- **产地**：原产特立尼达和多巴哥、巴巴多斯、委内瑞拉及哥伦比亚，热带至暖温带开阔地区普遍种植。
- **形态特征**：大型，单干。茎干肥大直立，干高可达40米，径50～70厘米，圆柱形，基部膨大，灰褐色，环节明显。大型羽状复叶，拱形开展或略下垂，小叶平面排列；冠茎黄绿色。肉穗花序，分枝多，下垂，短于冠茎。果实长椭圆形，紫黑色。
- **繁育方法**：播种法，种子发芽需1.5～2个月。
- **用途**：园景树、行道树。顶端嫩芽可食用。

棕榈科椰子类

大王椰子

- **别名**：王棕。
- **植物分类**：王椰属、王棕属（*Roystonea*）。
- **产地**：原产中美洲古巴、牙买加、巴拿马，为热带至暖温带广泛种植的棕榈植物之一。
- **形态特征**：大型，单干。茎干巨大直立，干高可达35米，径50～80厘米，圆柱形，中段略膨大，灰白色，具瘤状突起物，环节明显。大型羽状复叶，拱形开展或略下垂，小叶排成多列；冠茎青绿色。肉穗花序，生于冠茎之下，多分枝，下垂，短于冠茎。果实椭圆状球形，红褐色或紫红色。
- **繁育方法**：播种法，新鲜种子发芽需2～3个月。
- **用途**：园景树、行道树。树冠高耸，雄伟壮观。

▲ 大王椰子肉穗花序，生于冠茎下，分枝多，下垂

棕榈科棕榈类

大叶箬棕

- **别名**：萨巴尔棕、百慕大棕。
- **植物分类**：箬棕属、菜棕属（*Sabal*）。
- **产地**：原产百慕大开阔地区，常栽植于热带至亚热带开阔且阳光充足之地。
- **形态特征**：大型，单干。茎干通直，干高可达16米，径30～50厘米，灰褐色至棕红色，环节明显。叶掌状中裂至深裂，长1.5～2.5米，硬革质，蓝绿色。肉穗花序，分枝多，腋生，平展或上扬。果实倒卵形，紫黑色。
- **繁育方法**：播种法，种子发芽需1～2个月。
- **用途**：园景树、行道树。

▲大叶箬棕·萨巴尔棕·百慕大棕（原产中美洲）
Sabal bermudana (*Sabal blackburniana*)

▲大叶箬棕叶掌状中裂至深裂，硬革质，蓝绿色

棕榈科棕榈类

巨箬棕

- **别名**：鬼熊掌棕、海地菜棕。
- **植物分类**：箬棕属、菜棕属（*Sabal*）。
- **产地**：原产波多黎各、维尔京群岛，多栽植于热带至暖温带阳光充足地区。
- **形态特征**：大型，单干。树冠圆伞形，茎干通直，干高10～15米，幼株叶柄基部宿存十字交叉，老干光滑，径30～60厘米，灰色。叶掌状深裂，裂片劲直，裂片间有灰白色丝状纤维。肉穗花序，分枝多，腋生，上扬，小花白色。果实近球形，褐色至黑色。
- **繁育方法**：播种法。种子发芽需1～2个月。
- **用途**：园景树、行道树。

▲巨箬棕·鬼熊掌棕·海地菜棕（原产美洲热带地区）*Sabal causiarum*

▲ 短序箬棕·短序矮菜棕（原产美国）
Sabal etonia

短序箬棕

- **别名**：短序矮菜棕。
- **植物分类**：箬棕属、菜棕属（*Sabal*）。
- **产地**：原产美国佛罗里达州，多栽植于热带至暖温带阳光充足地区。
- **形态特征**：小型，丛生干。具地下茎，通常茎干低于3米，径可达30～50厘米，叶柄基部宿存于干上。叶掌状中裂至深裂，直立或平展，略呈黄绿色。肉穗花序，分枝多，但短于叶片，故不明显。果实近球形，棕褐色至紫黑色。

▲ 短序箬棕叶掌状中裂至深裂，黄绿色

- **繁育方法**：播种、分株。分株为主，种子发芽需1～2个月。
- **用途**：园景树。

垂裂箬棕

- **别名**：灰绿箬棕、垂裂菜棕。
- **植物分类**：箬棕属、菜棕属（*Sabal*）。
- **产地**：原产特立尼达和多巴哥及南美洲地区，多栽植于温带至热带阳光充足地区。
- **形态特征**：大型，单干。树形高大，茎干直立树冠开阔，干高15～30米，径60～80厘米，叶柄基部常宿存干上。叶掌状深裂至全裂，裂片直立或弯曲，直径可达4米。肉穗花序，分枝多且长，腋生上扬。果实球形或倒卵形，紫黑色。
- **繁育方法**：播种法，种子发芽需2～4个月。
- **用途**：园景树、行道树。

▲ 垂裂箬棕·灰绿箬棕·垂裂菜棕（原产中美洲、南美洲）*Sabal mauritiiformis*

墨西哥箬棕

- ●**别名**：熊掌榈。
- ●**植物分类**：箬棕属、菜棕属（*Sabal*）。
- ●**产地**：原产美国及墨西哥河岸地区，热带至亚热带阳光充足干热地区普遍种植。
- ●**形态特征**：大型，单干。干高可达18米，径40~70厘米，幼株叶柄基部宿存干上，成长后露出茎干，近平滑。叶掌状浅裂至中裂，直径可达2米，裂片线状披针形。肉穗花序，分枝多，平展或下垂。果实球形至扁球形，紫黑色。
- ●**繁育方法**：播种法，种子发芽需1~2个月。
- ●**用途**：园景树、行道树。

小箬棕

- ●**别名**：矮菜棕、短茎萨巴尔榈。
- ●**植物分类**：箬棕属、菜棕属（*Sabal*）。
- ●**产地**：原产美国东南部，多栽植于热带至温带阳光充足地区。
- ●**形态特征**：小型，单干。具地下茎或无茎，有时短茎生出地面，高1~3米，叶柄基部宿存茎干上，径可达50厘米。叶掌状中裂至深裂，裂片劲直，蓝绿色，直径60~150厘米。肉穗花序，腋生，分枝多，上扬直立，长可达1.5米，小花黄白色。果实球形，紫黑色。

- ●**繁育方法**：播种法，种子发芽需1~2个月。
- ●**用途**：园景树。

▲ 小箬棕果序上扬直立，果实球形，紫黑色

▲墨西哥箬棕·熊掌榈（原产美国、墨西哥）
Sabal mexicana（*Sabal texana*）

▲ 小箬棕·矮菜棕·短茎萨巴尔榈（原产美国）
Sabal minor

▲箬棕·龙鳞桐·菜棕（原产中北美地区）
Sabal palmetto

▲粉红箬棕·粉红菜棕（原产墨西哥）
Sabal rosei

箬棕

- **别名**：龙鳞桐、菜棕。
- **植物分类**：箬棕属、菜棕属（*Sabal*）。
- **产地**：原产美国南部、加勒比海、百慕大、巴哈马及古巴等地区，热带至亚热带普遍栽植。
- **形态特征**：大型，单干。树形巨大，茎干粗壮，高可达30米，幼株叶柄基部宿存，十字交叉，老干光滑，径30～50厘米，暗棕褐色。叶掌状中裂至深裂，直立或平展，裂片边缘有丝状纤维。肉穗花序，分枝多，平展或上扬。果实球形，紫黑色。
- **繁育方法**：播种法，种子发芽需1～2个月。
- **用途**：园景树、行道树。嫩芽、果实可生食，茎髓可制成布丁食用；叶片可编织席子。

▲箬棕肉穗花穗，分枝多，黄色，平展或上扬

粉红箬棕

- **别名**：粉红菜棕。
- **植物分类**：箬棕属、菜棕属（*Sabal*）。
- **产地**：原产墨西哥太平洋沿岸地区，广泛栽植于温带至热带阳光充足地区。
- **形态特征**：中至大型，单干。茎干粗矮，树冠开展下垂，干高8～20米，径25～50厘米，幼株叶柄基部宿存干上，十字交叉。叶掌状深裂，银绿色，直径可达1米，裂片细长，披针状线形，上部软垂。肉穗花序，分枝多，腋生，平展或略上扬。果实球形，绿褐色至紫黑色。
- **繁育方法**：播种法，种子发芽需1～2个月。
- **用途**：园景树、行道树。

凤尾鳞果椰

- **植物分类**：蛇皮果属、鳞果椰属（*Salacca*）。
- **产地**：马来西亚加里曼丹岛特有植物，生长于潮湿雨林下，多栽植于热带潮湿荫蔽地区。
- **形态特征**：中型，丛生干。地上茎不明显，叶直立高耸，高5～8米。羽状复叶分裂不明显，一般仅先端二裂，叶面蓝绿色至绿色，叶背灰白色；叶柄及叶脉中肋具长刺。雌雄异株，肉穗花序，具分枝，腋生上扬。果实倒卵形，长可达6厘米，黄褐色至紫褐色。
- **繁育方法**：播种、分株法。种子发芽需6～12个月。
- **用途**：园景树。

蛇 皮 果

- **别名**：沙拉克椰子、鳞果椰。
- **植物分类**：蛇皮果属、鳞果椰属（*Salacca*）。
- **产地**：原产印度尼西亚沼泽湿地或潮湿雨林中，多栽植于热带全日照或略荫蔽潮湿地区。
- **形态特征**：中型，丛生。无茎干，叶直立高耸，高3～8米。羽状复叶，小叶线状披针形不规则排列，叶面蓝绿至墨绿色，叶背灰绿；叶柄及叶脉中肋具长刺。雌雄异株，肉穗花序，具分枝。果实卵形或球形，长可达10厘米，棕褐色至红棕色。
- **繁育方法**：播种、分株法，新鲜种子发芽6～8个月。
- **用途**：园景树。果实可食用，为著名之热带水果。

▲蛇皮果无茎干，叶柄及叶脉中肋具有长刺

▲凤尾鳞果椰（原产马来西亚）
Salacca magnifica

▲蛇皮果·沙拉克椰子·鳞果椰（原产印度尼西亚）*Salacca zalacca*（*Salacca edulis*）

棕榈科 ARECACEAE (PALMAE)

景观植物大图鉴③

241

棕榈科椰子类

琉球椰子

- ●**植物分类**：琉球椰子属（*Satakentia*）。
- ●**产地**：原产日本琉球群岛森林中，常栽植于热带至暖温带开阔且阳光充足地区。
- ●**形态特征**：大型，单干。树冠拱形茎干笔直，干高15～25米，径25～70厘米，表面棕褐色至灰褐色，光滑，环节明显但不规则。羽状复叶长可达5米，黄绿色或鲜绿色；小叶线状剑形，长约70厘米；冠茎黄紫色。肉穗花序，具分枝，腋生于冠茎下。果实长椭圆形，黑色。
- ●**繁育方法**：播种法，种子发芽需3～6个月。
- ●**用途**：园景树、行道树。

▲ 琉球椰子（原产日本）
Satakentia liukiuensis

棕榈科棕榈类

锯齿棕

- ●**别名**：卧龙棕、锯箬棕。
- ●**植物分类**：锯齿棕属（*Serenoa*）。
- ●**产地**：原产美国东南部地区，温带至热带开阔且阳光充足地区普遍栽植。
- ●**形态特征**：小型，丛生干。具地下茎或匍匐茎，多数短干斜弯，少数直立，高1.5～3米，茎干包被叶鞘纤维。叶掌状深裂，蓝绿色或银灰色；裂片细长，顶端常二裂，革质。肉穗花序，分枝多，腋生略下垂。果实椭圆状球形，紫黑色或淡蓝色。
- ●**繁育方法**：播种、分株法，新鲜种子发芽2～4个月。
- ●**用途**：园景树。

▲ 锯齿棕·卧龙棕·锯箬棕（原产美国）
Serenoa repens(*Serenoa serrulata*)

▲ 锯齿棕果实椭圆状球形，紫黑色或淡蓝色

棕榈科椰子类

五列皇后椰

- **别名**：旋叶凤尾棕、西雅棕。
- **植物分类**：皇后椰属、凤尾棕属（*Syagrus*）。
- **产地**：原产巴西东部，常栽植于热带至暖温带地区。
- **形态特征**：大型，单干。树形高大，干高10～20米，径25～40厘米，叶柄基部常宿存茎干上。大型羽状复叶，5纵列呈螺旋状排列，拱形开展，长达3米，叶背银白色；小叶线状披针形，不规则排列；冠茎不明显。肉穗花序，分枝多，腋生，下垂。果实椭圆状球形，黄绿色至橙黄色。
- **繁殖方法**：播种法，种子发芽需2～4个月。
- **用途**：园景树、行道树。髓心可食用，种子可当水果，椰油具多种用途。

棕榈科椰子类

波叶皇后椰

- **植物分类**：皇后椰属、凤尾棕属（*Syagrus*）。
- **产地**：原产巴西开阔地区，多栽植于暖温带至热带开阔且阳光充足之地。
- **形态特征**：小至中型，丛生干。干高2～3米，有时呈乔木状可达8米，叶柄基部宿存。羽状复叶拱形开展或下垂，长达2～3米；小叶线状披针形，不规则排列；冠茎不明显。肉穗花序，分枝多，腋生，平展或下垂。果实卵球形，橙红色。
- **繁育方法**：播种、分株法。分株为主，种子发芽需2～4个月。
- **用途**：园景树。果实可食用。

▲ 五列皇后椰·旋叶凤尾棕·西雅棕（原产巴西）
Syagrus coronata

▲ 波叶皇后椰（原产巴西）
Syagrus flexuosa

▲ 波叶皇后椰肉穗花序，分枝多，小花淡黄色

▲菜叶皇后椰 （原产巴西、巴拉圭）
Syagrus oleracea

▲裂叶皇后椰·阿里克里椰子·裂叶金山葵（原产巴西）*Syagrus schizophylla*

棕榈科椰子类

菜叶皇后椰

- ●**植物分类**：皇后椰属、凤尾棕属（*Syagrus*）。
- ●**产地**：原产巴西及巴拉圭开阔地区，常栽植于亚热带至热带阳光充足之地。
- ●**形态特征**：大型，单干。树冠开阔茎干笔直，干高12～25米，径25～50厘米，表面光滑，棕褐色，环节明显。大型羽状复叶，拱形开展或下垂，长达2.5～4米；小叶线状披针形，不规则排列；冠茎不明显。肉穗花序，分枝多，腋生，平展或略下垂。果实球形或卵状球形，亮橙色。
- ●**繁育方法**：播种法，种子发芽需2～4个月。
- ●**用途**：园景树、行道树。髓心及果实均可食用。

棕榈科椰子类

裂叶皇后椰

- ●**别名**：阿里克里椰子、裂叶金山葵。
- ●**植物分类**：皇后椰属、凤尾棕属（*Syagrus*）。
- ●**产地**：原产巴西大西洋沿岸地区，多栽植于暖温带至热带开阔且阳光充足地区。
- ●**形态特征**：小至中型，单干或丛生干。干高2～4米，叶柄基部宿存茎干上，呈棕褐色或紫黑色，径10～20厘米。羽状复叶拱形开展或上扬，长达1.5～3米；小叶线形墨绿色；叶柄细长，边缘有短刺；冠茎不明显。肉穗花序，分枝多，腋生，平展略下垂。果实卵球形，黄色至橙黄色。
- ●**繁育方法**：播种、分株法，种子发芽需2～4个月。
- ●**用途**：园景树，可种植于盐碱土壤地区。果可食用。

▲裂叶皇后椰叶柄基部直立，密被于茎干上

皇后椰

- **别名**：女王椰子、皇后葵、金山葵。
- **植物分类**：皇后椰属、凤尾棕属（*Syagrus*）。
- **产地**：原产南美洲之巴西、乌拉圭、阿根廷等地区，温带至热带开阔且阳光充足地区普遍栽植。
- **形态特征**：大型，单干。树冠球形开阔，茎干直立，干高10～20米，径20～45厘米，表面光滑，灰褐色，环纹明显。大型羽状复叶，拱形开展下垂；小叶狭线形，长60～75厘米，不规则排列，软垂；冠茎不明显。肉穗花序，具分枝，腋生，略下垂。果实卵球形，黄色至橙色，每花序可结果数百粒。
- **繁育方法**：播种法，种子发芽需2～4个月。
- **用途**：园景树、行道树。果实及新鲜种子可食用。

▲皇后椰果实卵球形，黄色至橙色　　　（刘福森 摄影）

▲皇后椰·女王椰子·皇后葵·金山葵（原产南美洲）
Syagrus romanazoffiana (Arecastrum romanzoffianum)

牙买加白果棕

- **别名**：高茎屋顶棕、牙买加扇葵、豆棕。
- **植物分类**：白果棕属、扇葵属（*Thrinax*）。
- **产地**：原产牙买加滨海地区，多栽植于亚热带至热带盐碱土壤且阳光充足之地。
- **形态特征**：中至大型，单干。树冠球形茎干通直，干高6～12米，径10～20厘米，叶柄基部宿存干上，暗棕褐色。叶掌状中裂至深裂，直径达2.5～3.5米，硬革质，裂片狭披针形，叶背银白色；叶柄长1.5～2米。肉穗花序，分枝多，腋生，平展或下垂。果实球形，白色。
- **繁育方法**：播种法，种子发芽需2～3个月。
- **用途**：园景树、行道树。

▲牙买加白果棕·高茎屋顶棕·牙买加扇葵·豆棕（原产牙买加）*Thrinax excelsa*

▲小花白果棕·合果椰子·小花屋顶棕（原产牙买加、美国）*Thrinax parviflora*

▲海岸白果棕·射叶屋顶棕·佛州扇葵（原产美国、墨西哥）*Thrinax radiata*

棕榈科棕榈类

小花白果棕

- ●**别名**：合果椰子、小花屋顶棕。
- ●**植物分类**：白果棕属、扇葵属（*Thrinax*）。
- ●**产地**：原产牙买加及美国佛罗里达多岩石之森林地区，常栽植于热带至亚热带地区。
- ●**形态特征**：中至大型，单干。树形高大茎干笔直，干高5～15米，径10～20厘米，幼株叶柄基部留存干上，老时脱落，暗棕褐色，环节不明显。叶掌状中裂至深裂，硬革质，裂片狭披针形。肉穗花序，分枝多，腋生下垂。果实球形，白色。
- ●**繁育方法**：播种法，种子发芽需2～3个月。
- ●**用途**：园景树、行道树。种植于碱性土壤生育佳。

棕榈科棕榈类

海岸白果棕

- ●**别名**：射叶屋顶棕、佛州扇葵。
- ●**植物分类**：白果棕属、扇葵属（*Thrinax*）。
- ●**产地**：原产墨西哥、美国佛罗里达及加勒比海多岩石地区，常栽植于暖温带至热带开阔而全日照之地。
- ●**形态特征**：中至大型，单干。树形优美，干高6～15米，径15～25厘米，叶柄基部留存干上，老时脱落，棕褐色，环节不明显。叶掌状深裂或全裂，直立上扬，硬革质，叶背灰白色。肉穗花序，分枝多，平展或下垂。果实球形，白色。
- ●**繁育方法**：播种法，种子发芽需2～3个月。
- ●**用途**：园景树、行道树。种植于碱性土壤生育佳。

▲海岸白果棕叶掌状深裂或全裂，硬革质，叶背灰白色

棕榈

- ●**植物分类**：棕榈属（*Trachycarpus*）。
- ●**产地**：中国特有植物，性耐寒冷，广泛栽植于温带至亚热带略荫蔽之地。
- ●**形态特征**：中至大型，单干。干高4～15米，径12～25厘米，叶柄基部包被多层棕褐色纤维，环节不明显。叶掌状深裂至全裂，直径可达1米，裂片线状剑形，先端2裂。雌雄异株，肉穗花序，略下垂。果实阔肾形，淡蓝色或紫蓝色。
- ●**繁育方法**：播种法，种子发芽需3～4个月。
- ●**用途**：园景树、行道树。叶鞘纤维可供编织绳索、蓑衣、地毯及棕刷等。

▲棕榈果实阔肾形，淡蓝色或紫蓝色

贡山棕榈

- ●**别名**：石山棕榈。
- ●**植物分类**：棕榈属（*Trachycarpus*）。
- ●**产地**：中国特有植物，仅分布于云南怒江岸边岩石上，多栽植于暖温带至亚热带略荫蔽之地。
- ●**形态特征**：中至大型，单干。树冠开阔茎干笔直，干高7～12米，径12～20厘米，茎部包被多层棕褐色纤维，环节不明显。叶掌状中裂至深裂，直径可达2米，裂片先端2裂，叶面暗绿色，叶背灰白色；叶柄被白毛。雌雄异株，肉穗花序，分枝少，略下垂。果实卵形，紫黑色，外被白粉。
- ●**繁育方法**：播种法，种子发芽需3～4个月。
- ●**用途**：园景树、行道树。

▲棕榈 （原产中国）
Trachycarpus fortunei

▲贡山棕榈·石山棕榈（原产中国）
Trachycarpus princeps

▲ 瓦氏棕榈（原产中国、印度喜玛拉雅山区）
Trachycarpus wagnerianus

▲ 旋叶圣诞椰（原产瓦努阿图）
Veitchia spiralis

棕榈科棕榈类

瓦氏棕榈

- **植物分类**：棕榈属（*Trachycarpus*）。
- **产地**：原产中国、印度喜玛拉雅山区，多栽植于冷温带至暖温带全日照地区。
- **形态特征**：中型，单干。树冠开阔，干高5～8米，径12～20厘米，叶柄基部包被多层纠缠的纤维，环节不明显。叶掌状中裂至深裂，直立或平展，硬革质；裂片线状披针形，叶背略灰白色；叶柄粗短。雌雄异株，肉穗花序，分枝少，腋生，平展或略下垂。果实卵形或肾形，紫黑色。
- **繁育方法**：播种法，种子发芽需3～4个月。
- **用途**：园景树、行道树。冷凉地生育良好。

▲ 瓦氏棕榈叶掌状中裂至深裂，硬革质

棕榈科椰子类

旋叶圣诞椰

- **植物分类**：圣诞椰属（*Veitchia*）。
- **产地**：大洋洲瓦努阿图特有植物，生长于潮湿雨林中，常栽植于热带至亚热带阳光充足地区。
- **形态特征**：大型，单干。干高12～20米，径15～40厘米，光滑，灰绿色至灰褐色，环节明显。羽状复叶拱形或平展，小叶线状披针形；叶鞘延伸包裹茎干，形成独特冠茎。肉穗花序，分枝多，生于冠茎之下。果实卵形，长约2厘米，红色。
- **繁育方法**：播种法，新鲜种子发芽需2～4个月。幼株不耐强烈阳光直射，略遮阴为佳。
- **用途**：园景树、行道树。

圣诞椰

- **别名**：马尼拉椰子。
- **植物分类**：圣诞椰属（*Veitchia*）。
- **产地**：原产菲律宾潮湿雨林中，热带至亚热带开阔及阳光充足地区广泛栽植。
- **形态特征**：中型，单干。干高5～8米，径15～20厘米，基部略膨大，表面光滑，环节明显。羽状复叶拱形或平展，革质；小叶长椭圆状披针形，第1～3小叶先端偶有细长丝状纤维；冠茎呈黄绿色。肉穗花序，分枝多，腋生于冠茎下。果实卵形或椭圆形，红色或橙红色。园艺栽培种有斑叶圣诞椰，冠茎乳黄色，叶片具乳黄色斑纹。
- **繁育方法**：播种法，种子发芽需1～2个月。
- **用途**：园景树、行道树。植株耐阴，可当室内植物。

▲ 圣诞椰·马尼拉椰子（原产菲律宾）
Veitchia merrillii

▲ 圣诞椰果实卵形或椭圆形，橙红或红色

▲ 斑叶圣诞椰果实卵形，红色

▲ 斑叶圣诞椰（栽培种）
Veitchia merrillii 'Variegata'

▲ 斐济圣诞椰・早安椰子・乔氏贝棕（原产斐济）
Veitchia joannis

▲ 竹马椰子・扶摇桐・根柱凤尾椰（原产塞舌尔群岛）*Verschaffeltia splendida*

棕榈科椰子类

斐济圣诞椰

- **别名**：早安椰子、乔氏贝棕。
- **植物分类**：圣诞椰属（*Veitchia*）。
- **产地**：原产斐济潮湿森林中，常栽植于热带至亚热带水分及阳光充足地区。
- **形态特征**：大型，单干。干高12～25米，径20～40厘米，干皮光滑，灰褐色，环节明显。羽状复叶拱形或平展；小叶长椭圆状披针形，第1～3小叶先端常生长丝状纤维，长达1米以上；冠茎长可达1.5米，呈浅绿色至灰白色。肉穗花序，腋生于冠茎下。果实椭圆状球形，红色或橙红色。
- **繁育方法**：播种法，种子发芽需1～2个月。
- **用途**：园景树、行道树。植株耐阴，树形优美。

棕榈科椰子类

竹马椰子

- **别名**：扶摇桐、根柱凤尾椰。
- **植物分类**：竹马椰子属（*Verschaffeltia*）。
- **产地**：非洲塞舌尔群岛之特有植物，常见栽植于热带阳光充足或略荫蔽地区。
- **形态特征**：中至大型，单干。树冠开阔，茎干笔直，干高8～25米，径15～35厘米，幼株茎干具刺，成长后较光滑，暗褐色，环节不明显；基部有支柱根。羽状复叶，幼株硬挺上扬，多不分裂或顶端2裂，成熟叶裂片线状披针形。肉穗花序，分枝多，腋生，上扬，花梗橙黄色。果实球形，黄绿色至浅黄色。
- **繁育方法**：播种法，种子发芽需2～3个月。
- **用途**：园景树、行道树。

▲ 竹马椰子果实球形，黄绿色至浅黄色

棕榈科椰子类

二列华里椰

- **别名**：二列琴叶椰。
- **植物分类**：华里椰属、瓦理棕属、琴叶椰属（*Wallichia*）。
- **产地**：原产中国、印度、孟加拉、缅甸及泰国之潮湿森林中，温带至亚热带地区普遍栽植。
- **形态特征**：中型，单干。干高4～8米，径10～40厘米，茎干包被暗褐色纤维，环节不明显。羽状复叶呈二列互生于茎干上；小叶歪斜四边形或倒披针形，单叶或3～5枚簇生，叶缘有锯齿，叶面蓝绿色或深绿色，叶背银白色。雌雄异株，杂性花，肉穗花序，腋生，上扬。果实椭圆形，红色。
- **繁育方法**：播种法，种子发芽需4～10个月或更久。
- **用途**：园景树、行道树。

棕榈科棕榈类

丝葵

- **别名**：华盛顿葵、老人葵。
- **植物分类**：丝葵属、裙棕属（*Washingtonia*）。
- **产地**：原产美国加州东岸及墨西哥，冷温带至热带阳光充足地区广泛栽植。
- **形态特征**：大型，单干。树形巨大，枯叶常覆盖茎干，干高15～25米，径50～100厘米，暗褐色，基部不膨大。叶掌状中裂，裂片边缘有白色丝状纤维，形似老人白须；叶柄边缘具红棕色锯齿。肉穗花序，略下垂。果实椭圆形，黑紫色。
- **繁育方法**：播种法，种子发芽需1～2个月。
- **用途**：园景树、行道树。

▲二列华里椰·二列琴叶椰（原产中国、印度、孟加拉、泰国、缅甸）*Wallichia disticha*

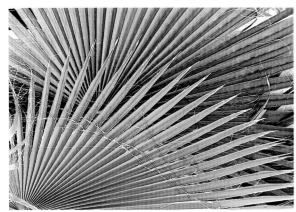

▲丝葵裂片边缘有许多白色丝状纤维，形似老人白须，故俗称"老公仔椰子"

▲丝葵·华盛顿葵·老人葵（原产美国、墨西哥）*Washingtonia filifera*

大丝葵

- ●**别名**：壮干棕榈、裙棕。
- ●**植物分类**：丝葵属、裙棕属（*Washingtonia*）。
- ●**产地**：墨西哥特有植物，广泛栽植于暖温带至热带阳光充足地区。
- ●**形态特征**：大型，单干。树形巨大，干高可达30米或更高，径30～50厘米，暗褐色，环节明显，基部明显膨大。叶掌状浅裂至中裂，幼株裂片边缘有白色丝状纤维，老树逐渐消失；叶柄边缘具红棕色锯齿。肉穗花序，下垂。果实球形，黑紫色。
- ●**繁育方法**：播种法，种子发芽需1～2个月。
- ●**用途**：园景树、行道树。

▲大丝葵·壮干棕榈·裙棕（原产墨西哥）
Washingtonia robusta

狐尾椰

- ●**别名**：二枝棕、狐尾棕。
- ●**植物分类**：狐尾椰属、二枝棕属（*Wodyetia*）。
- ●**产地**：原产澳大利亚昆士兰北部，常栽植于暖温带至热带开阔及阳光充足地区。
- ●**形态特征**：大型，单干。树冠开阔，干高12～20米，中部略膨大，径25～45厘米，干皮光滑，棕褐色，环节明显。羽状复叶为复羽状分裂，拱形或下垂，小叶辐射状排列，形似狐尾；小叶狭倒三角形，先端不规则齿状或线状细裂。肉穗花序，分枝多，腋生于冠茎下。果实卵形或椭圆形，橙红色。
- ●**繁育方法**：播种法，种子发芽需3～6个月。
- ●**用途**：园景树、行道树。

▲狐尾椰·二枝棕·狐尾棕（原产澳大利亚）
Wodyetia bifurcata

▲狐尾椰果实卵形或椭圆形，橙红色

中文名（别名）、拉丁学名索引

中文名（别名）

科、属拉丁学名

景观植物大图鉴③